Bernard Chevassus-au-Louis

L'analyse des risques

L'expert, le décideur et le citoyen

Une conférence-débat organisée par le groupe Sciences en questions
Paris, Ina P-G, 15 janvier 2001

Éditions Quæ – c/o Inra, RD 10, 78026 Versailles Cedex

La collection « Sciences en questions » accueille des textes traitant de questions d'ordre philosophique, épistémologique, anthropologique, sociologique ou éthique, relatives aux sciences et à l'activité scientifique. Elle est ouverte aux chercheurs de l'Inra mais aussi à des auteurs extérieurs.

Raphaël Larrère, Françoise Lescourret,
directeurs de collection

Le groupe de travail « Sciences en questions » souhaite favoriser la réflexion critique des acteurs de la recherche sur l'activité scientifique et ses implications. Son ambition première est d'enrichir la réflexion interne à l'Inra en l'alimentant de contributions propres à éclairer, sous une forme accessible et attrayante, les débats contemporains sur la science et la recherche.

Texte rédigé par l'auteur à la suite de la conférence, avec la collaboration d'Isabelle Savini et mis en forme par Joëlle Veltz. Il a été amendé pour tenir compte d'événements ultérieurs importants comme le débat autour de la Charte de l'environnement et pour intégrer des références bibliographiques majeures. Le statut indiqué pour les personnes intervenant dans la discussion est celui qu'elles avaient alors.

©Quæ, Versailles, 2007 ISSN : 1269-8490 ISBN : 978-2-7592-0034-4

Préface

C'est avec un grand plaisir, vous l'imaginez, que j'accueille Bernard Chevassus au nom du groupe *Sciences en questions*, mais aussi peut-être de toutes les personnes présentes qui ont eu l'occasion de le côtoyer et d'apprécier ses qualités humaines. Ceux qui l'ont rencontré ont pu également apprécier, je dirais diversement – selon qu'ils ont eu à en bénéficier ou à en pâtir –, ses affinités pour la réflexion intellectuelle et son art, sinon son amour, du débat. Parmi les nombreux exemples qui attestent de cet intérêt pour la discussion, je citerai un article publié dans *La Recherche*, intitulé « Quatre attitudes face aux controverses »[1]. Dans sa conclusion, Bernard Chevassus défend l'idée d'un dialogue élargi entre scientifiques, citoyens et décideurs. Ceux qui le connaissent savent également que cette réflexion intellectuelle n'est pas désincarnée et que l'homme ne se refuse pas à entrer dans le concret avec un pragmatisme certain. C'est donc sous ces auspices que Bernard Chevassus va nous convier, avec cette conférence, à un véritable jeu de l'esprit.

Concernant la genèse familiale ou personnelle de cet attrait pour la réflexion intellectuelle et pour la science, Bernard Chevassus n'est pas très prolixe, ne nous livrant que le parcours public d'un jeune homme pressé et brillant : major à l'École normale supérieure en 1968, major à l'agrégation de biologie en 1971. À l'issue de ce parcours initiatique, il bénéficie d'une solide formation en biologie qui déterminera, on le verra, sa démarche scientifique. Fort de ce bagage, Bernard Chevassus prospecte, avec quelques camarades de promotion, les différents organismes de recherche susceptibles de l'accueillir. Il suit un certificat d'océanographie à l'université et s'intéresse à la biologie marine et ses applications à l'aquaculture. À l'époque, le Cnexo venait à peine d'être constitué, et l'ISTPM[2] était un

[1] *La Recherche*, n° 339 spécial « Le risque alimentaire », février 2001.

[2] Le Cnexo et l'ISTPM ont ensuite fusionné pour donner l'Ifremer.

organisme qui pouvait sembler un peu vieillissant ; c'est donc vers l'Inra qu'il se tourne, et l'institut lui ouvre les bras. Il est accueilli par un triumvirat de choc, constitué par Roland Billard, Bernard Jalabert et Bernard Breton, qui occupent la scène dans le domaine de la physiologie des poissons. D'autres chercheurs commençant à travailler sur la nutrition et la pathologie des poissons, et c'est vers la génétique, domaine encore inexploré à l'époque, que Bernard Chevassus s'engage en obtenant en 1969 un DEA en génétique quantitative.

Il fait ses débuts dans la recherche sous la houlette de deux personnalités marquantes : Albert Jacquard, responsable à l'époque du DEA de génétique quantitative, et Charles Thibault, responsable de la physiologie animale. L'un revisite la génétique quantitative avec rigueur et intelligence, mais aussi avec toute la conviction et la chaleur qu'on lui connaît, et l'autre explore les voies de la neuro-endocrinologie, entre autres possibilités de contrôle de la reproduction. Mais Charles Thibault constitue surtout un exemple pour les jeunes chercheurs, et Bernard a retenu sa phrase célèbre : « Vous ferez trente-six choses différentes dans votre vie mais il faut toujours savoir remettre sa blouse le lendemain matin. » Dans ses différentes fonctions, Bernard cultive, je crois, cette maxime en restant toujours impliqué dans son domaine de recherche. Il avoue : « Certains disent que c'est un virus ; de fait, c'est une maladie qui ne se soigne pas. » En tant que responsable du département dans lequel il exerce ses talents, je ne m'en plaindrai pas.

Quelques mots sur les recherches de Bernard Chevassus. Il a jeté les bases de l'amélioration génétique des poissons, qui constituent des modèles intéressants pour lesquels l'importance de la génétique n'a d'égale que celle de l'environnement. C'est presque une philosophie tant il faut savoir jouer de ces deux principes. Il s'attaque donc à la connaissance et à la maîtrise de la variabilité génétique des poissons, et propose des méthodes originales d'amélioration génétique avec une vision rationnelle mais aussi pragmatique. Il a ainsi testé et développé à partir de 1984-1985 une nouvelle méthode de sélection individuelle des performances de croissance, méthode qu'il a nommée « Prosper ». Cette méthode, très efficace, est maintenant diffusée chez tous les sélectionneurs aquacoles français.

Bernard s'intéresse également à l'originalité des systèmes de reproduction des poissons et il initie, dans le laboratoire de génétique des poissons qu'il dirige de 1980 à 1984, des recherches de cytogénétique qui exploitent les particularités biologiques naturelles des poissons. Ces travaux sont à la base du développement des poissons triploïdes et autres poissons monosexes femelles, actuellement diffusés chez tous les producteurs pour obtenir des animaux stériles par des voies naturelles. Le prix Jean Dufresnois de l'Académie d'agriculture, obtenu en 1989 avec Daniel Chourrout, récompense ces recherches.

Dans son métier de chercheur, Bernard Chevassus met en œuvre la diversité des activités de la fameuse « rose des vents »[3] de la recherche. Dans le domaine de l'enseignement d'abord – les étudiants qui ont suivi ses cours sont tous ressortis avec l'impression que la génétique des poissons était lumineuse et transparente. Dans le domaine du partenariat ensuite, où il ne rechigne pas à rencontrer directement les professionnels et à leur faire bénéficier des dernières avancées de l'amélioration génétique. J'ai le souvenir de repas avec différents professionnels, du secteur eau douce ou maritime, à Camaret ou à Nantes, avec France Turbot, le groupe Adrien, où Bernard se penchait sur les préoccupations des producteurs dans le domaine de la génétique, mais aussi sur tous les problèmes qu'ils pouvaient rencontrer. Ces recherches lui ont sûrement fourni un premier exercice pratique de confrontation avec l'expertise. Il défend ainsi avec

---

[3] Cette image, proposée par le Centre de sociologie de l'innovation de l'École des mines de Paris, vise à dépasser l'opposition classique entre recherche fondamentale et recherche appliquée et illustre les cinq fonctions principales que joue la recherche au sein de la société : progrès des connaissances, contribution au renouvellement de l'enseignement, soutien du développement économique, appui à la gestion des biens publics (santé, environnement…), contribution au débat public et aux choix de société.

passion, mais aussi pragmatisme, l'intérêt de la production des organismes polyploïdes – poissons triploïdes, huîtres polyploïdes –, alors qu'une partie des consommateurs commence à s'interroger sur la pertinence de la production de ces organismes génétiquement manipulés.

En 1984, à l'âge de 35 ans, Bernard Chevassus prend la suite de Jacques Lecomte à la direction du département « Hydrobiologie et faune sauvage ». Ce poste est un terrain d'expérimentation où il excelle, par exemple dans la gestion des hommes. Il cite à ce propos une phrase d'Hubert Curien : « Un chercheur malheureux est un mauvais chercheur. La recherche doit donc être une activité jubilatoire. » Beaucoup de chercheurs qui ont bénéficié de ses conseils pour leur orientation, dont moi-même, peuvent en témoigner. Il exerce aussi dans le domaine de la gestion des collectifs de recherche. Nous connaissons à ce sujet son interrogation sur le rôle du chef département qui oscille, d'après lui, entre boîte aux lettres et chef de bande. À ce poste, Bernard réalise également un travail important de structuration des différents organismes de recherche s'intéressant à l'aquaculture, que ce soit à l'échelle des laboratoires, en concevant par exemple une unité mixte expérimentale Inra-Ifremer ou, à l'échelle nationale, en concevant et en animant un grand programme interorganismes sur les bases biologiques de l'aquaculture qui réunit toute la communauté des scientifiques pendant six ans. Il pose également les bases d'un véritable partenariat avec les professionnels et initie ainsi le transfert des recherches en génétique en proposant sa prise en charge par le Sysaaf (Syndicat des sélectionneurs avicoles et aquacoles français) qui, à partir de 1991, élargit ses missions à l'amélioration génétique des poissons. À cette époque déjà, Bernard s'inscrit dans une conception de la recherche qui n'est plus fondée sur une vision descendante, mais qui doit être « co-construite » entre les différents acteurs, et notamment avec les partenaires professionnels autour d'une question commune. Cette conception ressemble d'une certaine manière à la vision qu'il va nous présenter sur le rôle des différents acteurs dans la construction de l'expertise.

Le bilan de ces quatre années au poste de chef de département est remarqué, et Bernard est sollicité en 1989 pour être conseiller du président de l'Inra, Pierre Douzou. Ayant su faire reconnaître ses talents dans ces hautes sphères comme il l'avait fait auparavant en tant que chercheur, il est sollicité pour prendre en charge la direction générale de l'Inra en 1992, à l'âge record de 43 ans. Ce poste est un autre grand terrain d'expérimentation sur la gestion des organisations de recherche. Il l'aborde *a priori* – et peut-être *a posteriori* – en ayant à l'esprit les théories exposées par Henry Mintzberg dans son livre *Grandeur et décadence de la planification stratégique*[4]. Selon cet auteur, chaque organisation possède une dynamique interne propre qui constitue un moteur puissant et qu'il faut apprendre à connaître pour déterminer à quel endroit il est possible d'agir pour orienter son évolution. À ce poste, Bernard s'interroge sur l'économie d'échelle dans la recherche, avec la nécessité d'instaurer des règles de gestion qui sont souvent celles des grands entreprises et du management industriel, tout en étant vigilant au respect de la réalité quotidienne de la recherche. Cette réalité, qui est à la base de la production scientifique, est le fait de collectifs de recherche qui sont souvent, selon lui, de petits ateliers artisanaux. Ayant gagné son badge d'agronome, Bernard utilise l'image de la taille de la vigne à ce propos : si l'on limite le foisonnement des propositions, c'est pour que les fruits restants soient meilleurs. Il réussit ainsi à impulser, dans un contexte budgétaire difficile, un élargissement du champ de l'action de l'Inra dans les domaines de la nutrition humaine – il a posé les bases du premier CRNH (Centre de recherche en nutrition humaine) –, et de l'environnement – il est à l'origine de la création du GIP Écofor et du GIP Hydrosystème.

À la fin de ce parcours, en 1996, Bernard est confronté à un retour brutal à la paillasse. Je dirais que c'est le sort des justes dans ces sphères-là. Il met cette période à profit pour rédiger une thèse sur la génétique de la reproduction des poissons, soutenue avec succès en 1998. En 1997, il est sollicité pour prendre

---

[4] Paris, Dunod, 1994.

en charge la présidence du Cneva, poste qu'il accepte, m'a-t-il dit, parce que lui permettant de continuer à exercer dans le domaine du management de la recherche, et lui offrant aussi la possibilité d'explorer une nouvelle composante de la « rose des vents », celle qui concerne le rôle de la recherche publique dans la gestion des biens publics, la santé en l'occurrence. À ce poste, il participe activement à l'élaboration des textes fondateurs et à la mise en place des statuts de l'Afssa (Agence française de sécurité sanitaire des aliments), ce qui implique notamment de penser au niveau d'un organisme l'articulation entre l'expertise et l'activité de recherche nécessaire pour le contrôle. Son travail est reconnu, puisque il est nommé président de l'Afssa en 1999, poste qui le place au cœur des réflexions actuelles sur l'organisation sanitaire et le contrôle des filières alimentaires.

Bernard Chevassus est également vice-président de la Commission du génie biomoléculaire depuis 1997, poste qui le place au centre des choix sur les OGM et des débats sur la propriété du vivant. Il s'est attaché, en concertation étroite avec son président, à faire évoluer cette commission pour qu'elle soit plus transparente et surtout plus ouverte aux attentes de la société. C'est dans ce contexte général qu'il a choisi d'approfondir ces dernières années la réflexion sur l'organisation de l'expertise scientifique. Sa réflexion vise à définir une manière de combiner les différentes sources d'autorité, si tant est qu'on puisse parler d'autorité scientifique de nos jours, dans les grandes sociétés complexes. Il propose ainsi de construire une nouvelle interface scientifiques-décideurs-citoyens, dont il va nous livrer les grandes lignes.

Benoît Fauconneau,
directeur de recherche à l'Inra

L’analyse des risques

L’expert, le décideur et le citoyen

Prélude

Pour vous souhaiter la bienvenue au pays de l’analyse du risque, je commencerai par une petite fable intitulée « Le petit trou noir et la grande fusée blanche ». Mais, contrairement aux fables, je ne vous en livrerai la morale que plus tard au cours de cet exposé.

Le premier personnage de cette fable est issu d’une lettre du courrier des lecteurs de *Scientific American*[5], suite à un article consacré à la construction d’un nouveau collisionneur de particules, dans lequel les énergies libérées étaient susceptibles de réaliser des phénomènes survenus au tout début de l’univers. Un lecteur, qui prétendait – peut-être faisait-il semblant – ne pas connaître grand chose à la physique, écrivit : « Il me semble que, compte tenu des énergies mises en jeu, il serait possible que se forment dans cette machine de tout petits trous noirs. Si cela advenait, compte tenu des propriétés d’un trou noir, ce trou noir commencerait par manger le collisionneur, ce qui n’est peut-être pas très grave, il serait ensuite attiré vers le centre de la terre et il finirait par engloutir la planète entière, ce qui est peut-être un peu plus ennuyeux. » Ce qui est intéressant, c’est que les scientifiques n’ont pas répondu à ce lecteur que sa question était stupide, ni qu’ils l’avaient envisagée et avaient conclu qu’il n’existait aucun risque. Ils ont répondu que la question était intéressante et méritait d’être examinée. Ils ont donc fait travailler un comité d’experts qui, quelques mois plus tard, a conclu que les calculs effectués montraient qu’il n’y avait finalement pas de risque.

Le second personnage de cette fable est la fusée Ariane V, dont vous savez qu’elle a été détruite en vol lors de son premier lance-

[5] Wagner W.L., 1999. Black Holes at Brookhaven? *Scientific American*, juillet 1999. Voir aussi, sur cette anecdote, Glashow S.L. et Wilson R., 2000. Prendre au sérieux des risques sérieux. *La Recherche*, 329, 20-22.

ment, suite à la détection d'une anomalie de sa trajectoire. Cette fusée était conçue comme un développement du lanceur Ariane IV, dont il semblait logique de réutiliser tout ce qui avait bien fonctionné. On a lancé Ariane V… et l'une des pièces d'Ariane IV a fait correctement son travail : elle a détecté un paramètre suspect – c'était la composante de vitesse horizontale qui semblait trop forte –, et a lancé un signal d'alerte, qui a conduit le contrôleur de vol à ordonner la destruction de la fusée[6]. Or, si cette composante de vitesse était plus élevée, c'est seulement parce que la nouvelle fusée était globalement plus rapide, et non parce qu'elle sortait de sa trajectoire. On a donc détruit en vol une fusée qui était parfaitement bien partie.

Comme je vous l'ai dit, nous tirerons ultérieurement les leçons de cette fable.

Introduction

Je me propose dans cette introduction de vous présenter brièvement les acteurs de l'analyse des risques, d'en donner une définition et de rappeler l'origine du « modèle » actuel de cette pratique.

Des acteurs multiples

Pour introduire l'ensemble des acteurs de l'analyse du risque, je prendrai l'image d'un jeu que vous connaissez peut-être, l'échiquier de Machiavel, qui a été notamment utilisé pour analyser les enjeux de pouvoir au sein des organisations[7]. Au centre d'un carré se trouve le prince, qui gouverne. Dans les quatre angles, se trouvent d'autres acteurs qui, tous, rêvent de devenir prince. Tout d'abord, pour décider, le prince doit bien sûr tenir compte de ses sujets, qui lui expriment leurs souhaits ; si le prince

---

[6] Pour un récit détaillé, voir Berry G., 1997. Les grands logiciels : faut-il s'en remettre aux miracles ? *Le journal de l'école de Paris*, 1, 27-32.

[7] Teniere-Buchot P.-F., 1989. L'ABC du pouvoir : agir, bâtir, conquérir... et sourire. Éd. Organisation.

les suit, il sera bon prince. Il doit aussi tenir compte du juge, qui dit ce qui est juste et rappelle au prince qu'il doit incarner les valeurs morales. Il doit encore prendre en compte l'avis du chroniqueur, qui observe les faits et gestes du prince, les commente et lui rappelle ce que l'histoire retiendra ; si le prince suit le chroniqueur, il sera un grand prince. Enfin, dans le quatrième angle, se trouve le savant, qui exprime ce qui est vrai, ce qui est connu ; si le prince le suit, il sera un monarque éclairé. Le prince doit sans cesse se positionner par rapport à ces quatre sources. S'il se rapproche trop des souhaits des citoyens, on l'accusera de démagogie. S'il écoute trop les chroniqueurs, on parlera de dictature des médias. S'il accorde un rôle trop important aux juges, on dénoncera une république des juges. Et s'il a trop tendance à suivre l'avis des savants, on parlera de technocratie.

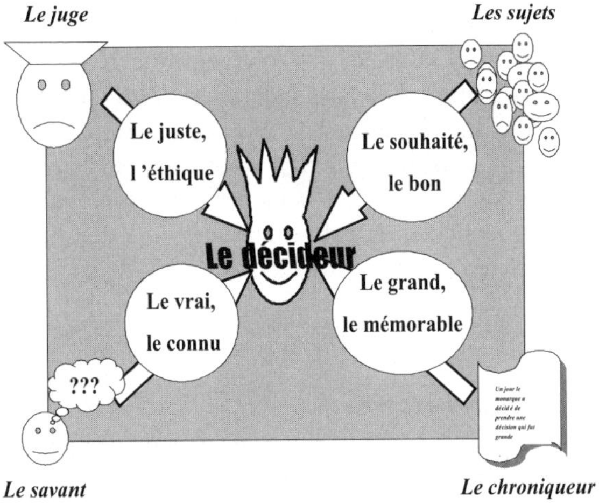

Je n'ai pas encore exploré tout ce pays. Je n'ai en fait visité que l'une des diagonales, qui associe le prince, les sujets et le savant, d'où le sous-titre de cet exposé. Bien d'autres promenades sont donc possibles dans cet univers de l'analyse des risques, et vous pourriez inviter d'autres explorateurs à parler de l'autre diagonale ou de toute autre composition ternaire.

Risque et analyse des risques

J'appellerai « risque » un phénomène qui présente deux caractéristiques : être non-inéluctable et, surtout, avoir des effets considérés comme néfastes par la société. Pourquoi expliciter ce critère ? Lorsqu'on parle d'accidents de voiture ou de maladies, la société est unanime pour considérer qu'il s'agit de phénomènes néfastes. Lorsque, à propos des organismes génétiquement modifiés (OGM), on parle de pollution génétique ou de dépendance croissante des agriculteurs, cela signifie qu'une partie de la société juge ces phénomènes néfastes. Mais d'autres pourraient les qualifier d'enrichissement de la diversité génétique ou d'amélioration de la cohérence des filières agro-alimentaires. Il y a donc là un jugement de valeur, et ce caractère considéré comme néfaste, qui conduit à parler de risque pour qualifier un phénomène, introduit une première dimension sociale.

Quant à l'analyse du risque, je la définirai de manière large comme étant l'ensemble des processus qui vont de la perception d'un risque potentiel et du lancement d'un signal d'alerte par un membre de la société jusqu'à la mise en œuvre, parfois longtemps après, de mesures appropriées pour cette société. J'utilise le mot « approprié » dans les deux sens du terme : au sens où ces mesures répondent effectivement bien à la question posée et réduisent le risque, mais aussi au sens où la société se les approprie, c'est-à-dire considère que désormais ce risque est bien intégré et géré.

La naissance de l'expertise

Je vais aborder l'analyse du risque en adoptant une perspective historique, où plutôt « mythologique », qui me permettra d'introduire un certain nombre de concepts et de méthodes.

Je partirai de la naissance de l'expertise scientifique, que l'on peut appeler la « transition moderne ». Autrefois, les gens étaient bien confrontés, dans le domaine de l'aliment ou de l'environnement, à un certain nombre d'interrogations : est-ce dangereux ? N'est-ce pas dangereux ? Ces risques, ils les évaluaient eux-mêmes ; c'est à l'usage qu'ils se rendaient compte s'il y avait un problème ou pas. Ils le faisaient de manière empirique, c'est-à-dire sans méthode particulière (ils essayaient par exemple de voir si la grand-mère avait l'air de « battre de l'aile » après avoir mangé ceci ou cela...). Puisqu'ils ne disposaient pas de grandes séries statistiques, ils avaient une évaluation qualitative, et travaillaient en binaire à partir d'un nombre réduit d'observations (c'est dangereux / ce n'est pas dangereux). Enfin, ils faisaient cette évaluation en temps réel, lorsque le produit était déjà utilisé, c'est-à-dire *a posteriori*. Au début du XXe siècle, dans un cadre de pensée assez positiviste, on a estimé que tout ceci n'était pas bon et que, la science progressant, on devait passer à une méthode scientifique et « moderne ». Cette « transition moderne » a consisté à dire que désormais le risque ne serait plus évalué de manière aussi grossière, mais par des experts qui savent, qui utilisent des méthodes scientifiques, produisent des données quantitatives (c'est-à-dire sont capables de dire si le risque est de 10^{-22} ou de 10^{-44}, etc.), et surtout vont réaliser l'évaluation *a priori*, c'est-à-dire avant la mise sur le marché du produit. La tâche de l'expert sera justement de dire si, oui ou non, on peut le mettre sur le marché. Il y a donc eu transfert d'une analyse sociale et empirique à une analyse qui est devenue scientifique, et d'une certaine manière cléricale, au sens où il y a ceux qui savent et ceux qui ne savent pas. On a ainsi intronisé un nouveau personnage, l'expert, médiateur entre la science et la société, auquel la société a accepté de confier, dans une sorte de contrat social, sa sécurité, avec comme clause implicite qu'elle serait ainsi mieux assurée.

Ce modèle, qu'on appelle tantôt « moderne », tantôt « classique », tantôt « standard », peu importe, est celui qui est utilisé majoritairement aujourd'hui. Je voudrais vous montrer, dans un premier temps, comment les experts se sont organisés pour répondre à cette attente et en quoi leurs pratiques sont basées sur un certain nombre d'hypothèses, de concepts, voire de valeurs implicites qui facilitent leur travail mais qui ne peuvent être considérés comme des évidences. Ensuite, nous aborderons la crise de l'expertise, telle qu'elle s'est dessinée à la fin du

XXe siècle. Nous verrons comment a émergé progressivement le débat autour du principe de précaution, en abordant successivement trois aspects : l'émergence de ce principe, ses conséquences pour la décision, et ses conséquences pour l'évaluation du risque lui-même. Nous examinerons ensuite, de manière plus succincte, l'intérêt d'introduire les analyses coût/bénéfice en complément ou en substitution des analyses de risques. Dans une dernière partie, nous aborderons la question de la réimplication de la société civile dans l'évaluation du risque. L'ensemble de ces éléments nous permettra de tracer les contours d'une analyse de risque « postmoderne » dans laquelle vous aurez très vraisemblablement à évoluer si vous êtes appelés à l'avenir à des activités d'expertise.

Le modèle « standard » d'évaluation du risque et ses options

De manière générale, le modèle standard découpe l'analyse de risque en trois étapes fonctionnelles. La première est celle de l'évaluation du risque, réalisée par des experts. On leur demande, par exemple, si l'on peut introduire telle vitamine ou tel complément minéral dans l'alimentation ; ils essaient alors d'envisager et d'estimer tous les problèmes et dangers potentiels, et de juger aussi de l'exposition possible des populations au risque. La deuxième étape est celle de la gestion du risque, confiée au décideur – version moderne du prince – qui va, à partir de l'appréciation précédente, décider de prendre des mesures de réduction éventuelle de ces risques. Enfin intervient la phase de communication sur le risque, qui consiste à expliquer aux citoyens les mesures prises et leur bien-fondé.

Les présupposés du modèle standard

Quand on analyse ce système, que l'on retrouve aussi bien à l'échelle nationale qu'internationale, on peut dégager un certain nombre d'options explicites ou implicites dans la manière dont il fonctionne. J'en ai recensé sept.

1. L'évaluation se fait au cas par cas. Prenons l'exemple des OGM : la Commission du génie biomoléculaire (CGB) reçoit des dossiers concernant un jour une betterave, le lendemain un colza, puis un maïs... Chacun de ces dossiers va faire l'objet d'une évaluation spécifique, indépendante. On émet donc l'hypothèse implicite que les risques obéissent à un algèbre additif : un petit risque + un petit risque = un risque assez petit. On la fait d'autant plus que l'analyse de risque est segmentée entre des commissions indépendantes. Pour un maïs transgénique tolérant à un herbicide, par exemple, des experts de la CGB vont travailler sur la plante et une autre commission sur l'homologation de l'herbicide. L'analyse de risque se fait donc à la fois au cas par cas et danger par danger.

2. L'analyse de risque est fondée sur la science établie, ce que les Anglo-Saxons appellent la « *sound science* ». On ne discute pas d'hypothèses ou de spéculations. On ne doit faire état que de faits scientifiquement avérés, de risques parfaitement démontrés, de résultats publiés, si possible dans des revues très reconnues.

3. La « valeur » – terme contenu dans « évaluation » – d'un risque sera exprimée par une quantité. Les experts aiment bien quantifier, parce que transformer un problème en un nombre permet de comparer des problèmes différents et de se demander par exemple si le risque d'accidents automobiles est plus important que le risque lié à la listéria. Certains diront que la question est stupide. Mais transformer les risques en nombres (sommes d'argent ou nombres de morts) et disposer ainsi d'une quantification sur une échelle monodimensionnelle rend possible une gestion tout à fait technocratique. Que sont ces nombres ? C'est le produit d'un effet par une probabilité, par exemple, tant de personnes exposées avec une probabilité de décès de10^{-x} pour chacune. Autrement dit, c'est la notion d'« espérance » introduite par Pascal en théorie des jeux pour estimer des gains potentiels, mais appliquée ici à des pertes potentielles.

4. Comme je l'ai indiqué, on sépare très clairement l'évaluation des risques par les scientifiques et leur gestion par des décideurs

dans un schéma linéaire et en revendiquant, de part et d'autre, une forte indépendance entre ces deux étapes. Il n'est donc pas prévu de processus d'ajustement interactif entre ces deux types d'intervenants. Par exemple, la loi de 1998 sur la sécurité sanitaire oblige l'Afssa à rendre publics ses avis et c'est ensuite, en référence à ces avis publics, que les gestionnaires énoncent les mesures qu'ils mettront en œuvre.

5. On considère que le risque est intrinsèque à l'objet. Par conséquent, on ne s'intéresse qu'au produit lui-même et on évalue les risques liés à l'utilisation prévue pour le produit, c'est-à-dire en supposant qu'il sera effectivement utilisé de manière parfaitement conforme. Pour une voiture, par exemple, on vérifiera qu'elle ne présente pas de défauts de fabrication, en faisant l'hypothèse que les gens la conduiront correctement. Autre exemple, les experts vont déterminer la manière dont il faut chauffer les farines animales et regarder si les systèmes de chauffage sont adéquats, mais ils ne se poseront pas la question des imperfections de la gestion au quotidien. Ils n'évaluent que le risque technique lié aux imperfections des objets et pas ceux liés à l'utilisation concrète d'un objet réputé parfait.

6. Les experts évaluent le risque et considèrent que les bénéfices liés, sauf dans quelques cas particuliers que j'évoquerai, ne doivent pas servir à pondérer éventuellement des risques. On sépare donc l'évaluation du risque de la notion de bénéfice associé, qui sera éventuellement considéré par les gestionnaires du risque sans que les experts aient procédé à une véritable évaluation de ces bénéfices.

7. La communication sur le risque a pour objectif de réduire une distorsion éventuelle entre ce qu'on appelle le « risque réel », c'est-à-dire celui évalué par les experts, et le « risque perçu » par les profanes, qui sont supposés avoir une vision biaisée de la réalité. La communication vise donc à expliquer, à faire comprendre aux profanes le point de vue des experts.

L'espace des risques dans le modèle standard

Pour visualiser les résultats de cette évaluation des risques, il est possible de modéliser une sorte d'espace des risques à l'aide des deux dimensions de cet espace : le degré de certitude concernant l'existence du risque et la sévérité du risque. Dans la majeure partie de cet espace (risque faible ou non-avéré), on se situe encore finalement dans l'ancien modèle : on attend que le risque soit expérimenté par la société et on appliquera éventuellement le principe de correction, c'est-à-dire que l'État (ou des assurances) indemniseront les victimes de ces risques. Le modèle « moderne » se met en place pour gérer des risques qui, à la fois, sont avérés et dont le degré de sévérité justifie qu'on prenne des mesures de prévention. L'espace des risques est ainsi clairement découpé en deux grandes zones correspondant respectivement au principe de correction et au principe de prévention.

PRÉVENTION ET CORRECTION :

DOMAINES D'APPLICATION DES DEUX PRINCIPES

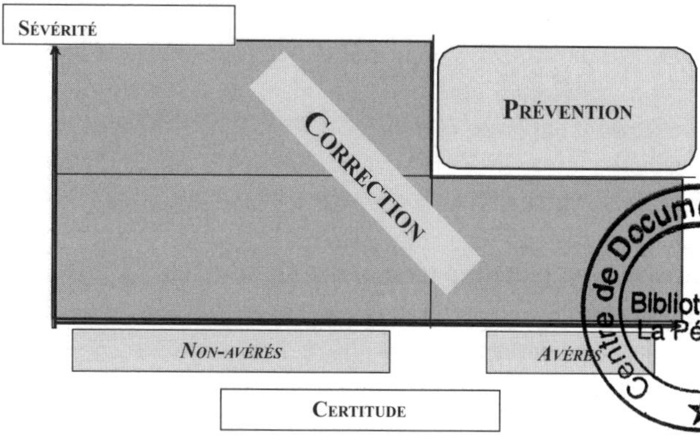

Sans détailler davantage, je ferai remarquer que le principe de correction présente lui-même une certaine modernité. L'idée que les dommages subis par un individu ou un groupe d'individus doivent être pris en charge par la société a fait suite à une vision du « destin » dans laquelle ces malheurs représentaient un signe à méditer pour l'individu ou la collectivité ; dans ce cas, on pouvait parler du « principe de résignation », que les textes quasi contemporains du livre de Job, du Bouddha et de Confucius déclinent dans la diversité des civilisations. Le passage du destin au risque, c'est-à-dire d'une vision exogène et signifiante du malheur à une vision endogène et dépourvue de sens, est donc un changement de représentation relativement récent dans l'histoire de notre société.

L'émergence du principe de précaution : comment gérer l'incertitude ?

Comment tout ce système a-t-il commencé à trembler sur ses bases ? Si nous revenons à notre image d'expert-médiateur, on peut rappeler à son propos l'adage italien « *traduttore, traditore* » (« le traducteur est un traître »). Autrement dit, en cas de défaillance, il sera soumis à la critique aussi bien de la société que de la science. Ce sont ces deux regards critiques que je vais maintenant analyser.

Je précise que j'ai regroupé ces différentes critiques sous une rubrique relative à l'émergence du principe de précaution parce qu'elles sont apparues à la même époque que le débat autour de ce principe, mais elles proviennent en fait de dynamiques beaucoup plus diverses.

Les critiques externes du modèle standard

Quelles sont, dans cette crise de confiance vis-à-vis des experts, les critiquesexternes, c'est-à-dire celles formulées par les citoyens ? Elles se fondent sur plusieurs constats.

1. **L'apparition de dangers graves non-identifiés** (ou sous-estimés, ou trop tardivement reconnus). Les profanes remarquent, avec un certain bon sens, que les experts peuvent passer complètement à côté de phénomènes qui ne sont pas anecdotiques, mais présentent des dangers graves. Ils se rendent compte que des risques réels comme celui du sida, de l'épidémie de la vache

folle, de l'amiante, etc. peuvent rester très longtemps méconnus par les experts, alors qu'ils se révèlent souvent, après un certain délai, comme de vrais problèmes de santé publique. Pour utiliser une expression classique, les citoyens ont l'impression qu'il arrive aux experts de « rater un éléphant dans un couloir » !

Autrement dit, il y a un problème de défaillance de ce que l'on appelle la « mise sur agenda », c'est-à-dire de l'inscription d'une question sur la liste des risques à examiner par les experts. C'est là qu'arrive la morale de ma fable sur le petit trou noir : des choses qui peuvent représenter un danger réel peuvent parfois ne pas être perçues. L'analyse de risque prend sa source à la mise sur agenda, c'est-à-dire au moment où quelqu'un dit : « Il faudrait tout de même regarder telle chose », et la mécanique de mise sur agenda, qui se révèle parfois défaillante, constitue donc un talon d'Achille du système.

2. **Les désaccords entre experts**. Les citoyens constatent en plus que les experts ne sont pas toujours d'accord entre eux. C'est le cas dans les débats sur l'ESB entre Anglais et Français, sur les anabolisants utilisés en production de viande ou sur les OGM entre Américains et Européens, etc. Les gens nous interrogent : « Comment pouvez-vous ne pas être d'accord entre vous, alors que vous vous fondez tous sur la "vraie" science ? On ne comprend pas bien la signification de vos désaccords d'experts. » Il faut reconnaître que ces remarques sont empreintes de bon sens.

3. **L'importance croissante des erreurs humaines**. Souvent, suite à une catastrophe (dans les secteurs des transports ou des énergies notamment), les experts trouvent intelligent de dire : « Cela n'aurait pas dû se produire », « C'est une erreur humaine » – mais existe-t-il des erreurs qui ne soient pas humaines ? Lors des accidents de chemin de fer en Grande-Bretagne, par exemple, on a dit : « Il existait bien un feu de signalisation et il était au rouge. Donc cela n'aurait pas dû se produire. » Or c'est arrivé ! C'est donc que quelque chose n'a pas été pris en compte ! En fait, les experts n'évaluent pas le risque réel, mais ce qu'on peut appeler le « risque asymptotique », c'est-à-dire le

risque minimum, si tout va bien. Ils évaluent un risque intrinsèque de l'objet, sans tenir compte de tout ce qui pourrait être des défaillances de l'objet intégré dans un système[8].

Pour corriger cette vision restrictive, des sociologues, et notamment Bruno Latour[9], développent la notion de « système hybride ». L'avion en vol me semble un bon exemple d'un tel système. On peut considérer cet avion comme un ensemble de métal, de rivets, de composants électroniques, etc., disons un objet technique, et se contenter de regarder s'il présente des défaillances. Mais on peut aussi considérer que cette chose qui passe dans le ciel n'est que la manifestation visible d'un processus infiniment plus large, à la fois dans le temps et dans l'espace, qu'elle est la résultante des travaux des gens qui ont conçu cet objet, de ceux qui l'ont construit, des ceux qui au sol le guident, d'autres qui ont rempli les réservoirs ou effectué la révision, etc. Finalement, l'avion en vol n'est que la partie visible de tout un réseau scientifico-technico-humain, d'un système hybride qui est un mélange intime de *hard* et de *soft*, de matière et d'intelligence, avec toutes les défaillances qui peuvent être liées à ces interactions complexes.

4. **L'apparition des « risques systémiques »**. Considérer que « pas de risque + pas de risque = pas de risque », c'est-à-dire conserver une métrique additive, conduit à ne pas prévoir l'apparition d'effets systémiques, dus à des phénomènes d'interaction. Des experts évaluent proprement des produits successivement, concluent pour chacun à l'absence de problèmes, et puis un problème survient lorsqu'on les utilise tous en même temps. L'exemple le plus classique est celui des antibiotiques. Tous les antibiotiques ont été parfaitement bien évalués par de nombreux experts qui ont tous donné un avis favorable à leur utilisation ;

---

[8] Voir sur ce thème l'éditorial « Erreurs humaines et principe de précaution » de *La Recherche*, novembre 1999, 325, 5.

[9] Latour B., 1995. Sociologie des sciences, analyse des risques collectifs et des situations de crise. *Actes du séminaire du GIS « Risques collectifs et situations de crise »*, séance du 15 novembre 1994, Paris, éd. CNRS, 107-111.

et cinquante ans après la mise sur le marché du premier antibiotique, nous sommes confrontés au problème majeur de santé publique que sont les germes multirésistants aux antibiotiques. Revenons à notre belle fusée blanche : ce qui était un bon indicateur de défaut sur Ariane IV n'en est plus un sur Ariane V ; un effet d'intégration a fait qu'un composant n'était pas adapté pour évoluer dans un nouveau système. Par l'utilisation conjointe de choses qui ne posent pas de problèmes, on peut créer un problème majeur que la méthode d'analyse au cas par cas ne permet pas de prévoir.

5. **La non-prise en considération de certains risques**. Les citoyens ont souvent l'impression que ce qu'ils considèrent comme des risques ne sont pas reconnus comme tels – c'est pourquoi j'identifiais la notion de risque de manière large au départ. Quand ils signalent que telle innovation leur pose des problèmes sur le plan éthique ou en termes d'impact socio-économique, on leur répond que ces points qu'ils souhaiteraient voir évaluer ne sont pas des « risques éligibles » : les accords passés à l'OMC ou le *Codex alimentarius*[10] ne nous autorisent à considérer, pour s'opposer par exemple à l'entrée en Europe d'OGM ou de viande américaine issue d'animaux traités aux anabolisants, que l'existence de problèmes pour la santé ou l'environnement. Le fait que certains consommateurs ne veuillent pas en manger ne peut entrer en ligne de compte. Les citoyens jugent donc ce système excessivement restrictif.

Les critiques internes de l'expertise

Venons-en maintenant à ce que dit la science des experts, c'est-à-dire à la critique interne de l'expertise. Certains d'entre vous ont dû recevoir au début de l'année 2001 une belle carte de vœux avec une photo de la terre vue de l'espace et portant l'inscription : « Toute vérité est provisoire ». On aurait pu penser que

---

[10] Le *Codex alimentarius* est une instance mixte de l'OMS et de la FAO qui élabore des normes internationales dans le domaine de la sécurité sanitaire des aliments.

cette carte était envoyée par une association comme Greenpeace ou Les Amis de la Terre mais, en l'ouvrant, on découvrait : « Le ministère de la Recherche vous présente ses meilleurs vœux pour l'année 2001. » Diantre ! Si même le ministère de la Recherche commence à dire que toute vérité est provisoire…!

Les limites de la prédictibilité

La science, dans sa capacité à prédire, a en effet opéré au cours du XXe siècle une série de révisions plus ou moins déchirantes qui l'ont beaucoup éloignée de la conception « laplacienne ». Je rappelle que Laplace avait dit, schématiquement, que si on lui donnait la position de toutes les particules de l'univers avec leurs trois coordonnées, leurs masses et leurs vecteurs de vitesse et d'accélération, il pouvait prédire l'état du système à l'infini. Il s'agissait donc d'un déterminisme strict : la connaissance de l'état du système à l'instant t permet de déterminer son état à t + l'infini. Or on s'est rendu compte que cette capacité de prédiction de la science avait tout de même un champ relativement restreint, pour l'essentiel limité aux systèmes dits « linéaires », c'est-à-dire à des phénomènes pouvant être décrits par des équations du premier degré du type $\mathrm{P} = \mathrm{a}X + \mathrm{b}Y + \mathrm{c}Z$, P étant le phénomène observé et X, Y, Z des variables influençant ce phénomène. Ces systèmes linéaires sont donc caractérisés en particulier par une certaine proportionnalité entre les causes et les effets : face à un effet important, on pourra rechercher une variable explicative présentant elle-même des variations notables.

Certains systèmes, régis par des équations non-linéaires, ne sont pas prévisibles dans le temps. C'est le cas du système solaire, dont Poincaré avait montré, dès le début du XXe siècle, que la stabilité à long terme n'était pas assurée, ni démontrable à l'infini. L'hypothèse qu'à un moment donné l'une des planètes sorte du système solaire ne peut toujours pas être réfutée à l'heure actuelle. Les ordinateurs permettent maintenant de faire tourner des modèles, et les calculs montrent que nous disposons encore de 100 millions d'années de tranquillité avant qu'un tel phénomène puisse se produire. Mais nous n'avons pas la solution à l'infini de cette question pourtant simple de gravitation universelle[11]. La météorologie fournit aussi des exemples de systèmes non-linéaires, dont l'horizon de prévisibilité est limité dans le temps, phénomènes popularisés par la fameuse métaphore de l'aile de papillon battant dans la forêt amazonienne et déclenchant un cyclone en Floride.

D'autres systèmes sont non-prévisibles dans l'espace ; c'est tout le problème des propriétés spécifiques des systèmes non-isotropes. Prenons un exemple agronomique. À une époque ancienne, pour étudier les caractéristiques d'un sol, on commençait par en broyer un échantillon pour obtenir une granulométrie homogène, et on étudiait ensuite ce sol transformé en système isotrope. On constatait par exemple qu'il était imperméable, alors que pas une goutte d'eau ne restait en surface lorsqu'il pleuvait sur ce sol en place, tout simplement parce que des rongeurs ou des vers de terre créaient des zones de plus grande perméabilité. De nombreux modèles, comme ceux de percolation, de propagation d'incendies de forêt ou de dispersion du pollen, montrent que l'on ne peut pas décrire les performances d'un système réel hétérogène à partir de représentations simples et de quelques valeurs statistiques comme la variance de la taille des discontinuités. Quand un système est non-isotrope, son comportement est extrêmement peu prévisible.

Les limites de l'extrapolation

Je ne ferai qu'évoquer la question, bien connue de tous les scientifiques, des difficultés et des limites de l'extrapolation. Comment peut-on évaluer l'effet des faibles doses à partir de données sur les fortes doses ? Avec quels modèles (modèles linéaires ou non, à seuil ou non, à effets « en U »...) ? Comment peut-on transposer des approches *in vitro* à l'*in vivo* ? Quelles sont les limites des modèles animaux ?... Dans le domaine de la sécurité sanitaire en particulier, nous avons en permanence à jongler avec de l'extrapolation, soit parce que l'on dispose de données

---

[11] Laskar J. et Froeschle C., 1991. Le chaos dans le système solaire. *La Recherche*, 232, 572-578.

sur des modèles animaux et pas sur l'homme, ou d'approches *in vitro* sans confirmation *in vivo*, soit parce que l'on connaît quelques catastrophes à fortes doses qu'on essaie d'extrapoler à des faibles doses. C'est toute la question d'une expertise qui ne dispose pas des règles de transposition en dehors d'un certain domaine de validité et qui doit néanmoins proposer des normes.

Le problème de l'émergence

Je passe également rapidement sur la question de l'émergence de propriétés, c'est-à-dire des propriétés des systèmes qui ne peuvent être prédites à partir de celles des composantes. Un exemple très simple : si l'on ne connaissait pas les caractéristiques de la molécule d'eau, le meilleur des physiciens ou des chimistes serait incapable de prédire, à partir d'une connaissance intime des atomes d'oxygène et d'hydrogène, que la molécule H_2O est à l'état liquide à la température de 20 °C. Les caractéristiques de la molécule d'eau sont donc des propriétés émergentes, non-prédictibles à partir de la connaissance, même extrêmement fine, de ses composantes. S'agit-il d'un défi temporaire, comme certains le pensent, ou bien d'une émergence « radicale » ? En tout cas, on constate que certaines propriétés d'un ensemble ne peuvent pas être décrites à partir de celles de ses éléments.

Des objets imparfaitement compris

Dernier point qui me semble important : certains considèrent que nous assistons actuellement à une inversion des relations entre la science et la technologie. Qu'entend-on par là ? Dans une conception classique, l'objet technique qui découlait de la recherche scientifique était parfaitement compris dans l'ensemble de ses propriétés. Un ingénieur spécialiste du moteur à explosion, par exemple, est capable de répondre *a priori* à la quasi-totalité des questions du genre : « Que se passe-t-il si je mets de l'eau dessus, si je le chauffe, si je tape dessus, si je remplace l'essence par de l'alcool ? ». Autrement dit, il s'agit d'un objet technique parfaitement prédictible. Prenons au contraire un OGM : il est obtenu en introduisant dans le génome d'une plante donnée, bien connue, un gène dont la fonction est également bien connue. Si l'on s'interroge sur les propriétés de cette nouvelle entité biologique, par exemple en termes de risques sanitaires ou d'impacts environnementaux de sa culture, on voit bien qu'il faut combiner, pour répondre à ces questions, des évaluations *a priori*, des expérimentations spécifiques à des échelles croissantes et, enfin, des suivis *a posteriori* dans le cadre de protocoles de biovigilance. On retourne donc en partie à la situation « prémoderne » que j'ai décrite en introduction : les enjeux économiques des technologies, en particulier dans le domaine de la biologie, poussent à diffuser des objets « imparfaitement compris ». L'inversion de la relation science-technologie est dénoncée par des philosophes comme Michel Tibon-Cornillot[12] qui développe beaucoup cette thèse.

On pourra bien sûr discuter de la pertinence d'une représentation reliant fortement recherche et innovation, beaucoup d'innovations étant issues de pratiques empiriques et ne découlant pas d'avancées de la recherche. Ainsi, la thermodynamique a été développée par Carnot pour comprendre et améliorer les machines à vapeur, et non l'inverse. On pourra également s'interroger sur l'ancienneté de ce phénomène. Ainsi, les premiers essais de vaccination au XIXe siècle reposaient sur une compréhension de la réponse immune qui semble aujourd'hui quelque peu sommaire. L'idée d'une dépendance forte des innovations à la recherche, qui assurerait leur compréhension exhaustive et leur maîtrise, est donc peut-être caractéristique de quelques décennies du XXe siècle et des innovations issues de disciplines très mathématisées comme la physique. Quoi qu'il en soit, la critique d'une compréhension imparfaite des objets biologiques et des innovations qui en découlent me semble globalement pertinente, dès lors que des risques notables peuvent en résulter.

L'introduction du principe de précaution

L'ensemble des éléments critiques apportés tant par la société que par la science elle-même vis-à-vis de l'expertise amène lo-

---

[12] Voir par exemple Tibon-Cornillot M., 1998. À propos du clonage humain : querelles d'experts et illusions bioéthiques, *Nat., Sci., Soc.*, 6 (3), 5-17.

giquement à énoncer un constat global : la certitude d'un risque, comme les carabiniers, arrive souvent trop tard et peut même n'avoir aucune chance d'être obtenue par des dispositifs restreints d'évaluation *a priori*. Ce constat a un corollaire, que j'énoncerai ainsi : « l'incertitude ne justifie pas l'inaction », et que je vous propose aujourd'hui comme formulation du principe de précaution. Autrement dit, on ne peut se réfugier derrière l'argument d'incertitude pour ne pas prendre en compte certains risques potentiels.

Dire que l'incertitude ne justifie pas l'inaction suscite immédiatement en retour deux questions des gestionnaires du risque aux experts : quelle incertitude et quelle action ? On sait à peu près ce qu'est la certitude, mais l'incertitude est un vaste domaine qu'il va falloir explorer. Et surtout, quelle action, parmi toutes celles possibles ?

Deux versions du principe de précaution

Avant de répondre à ces deux questions, je voudrais non pas discuter en détail le principe de précaution, puisque d'après les derniers recensements on en serait à une vingtaine de formulations différentes et non-cohérentes, mais seulement mentionner deux grandes familles de définitions, que j'appellerai la « version radicale » et la « version modérée ».

La version radicale est celle qu'on voit formulée souvent en termes « d'inversion de la charge de la preuve ». Selon cette métaphore juridique, on peut considérer que, jusqu'à maintenant, l'innovation était présumée innocente et les experts devaient regarder si elle posait problème ; il fallait donc instruire à charge, c'est-à-dire prouver l'existence d'un danger. Comme cela ne marche pas, on envisagerait d'inverser la logique et donc de considérer que l'innovation est supposée dangereuse et qu'il faut prouver son innocuité.

Personnellement, mais cela peut être débattu, je taxe cette position de positivisme pervers : on ne peut à la fois adhérer aux critiques sur l'incapacité de la science à prouver quoi que ce soit, au sens strict du terme, et lui demander dans un second temps, en s'étant appuyé sur cette critique, de prouver l'inverse[13]. Autrement dit, ou bien on développe, comme je l'ai fait, une critique de l'aptitude de la science à pouvoir toujours prouver une chose ou son contraire, ou bien on redevient positiviste et on peut alors demander l'inversion de la charge de la preuve, mais en réhabilitant la rigueur et le positivisme de la science, et donc la possibilité d'une évaluation *a priori* des risques. Il existe donc une sorte de sophisme dans cette version radicale du principe de précaution. Le problème est que cette version est très présente dans l'opinion publique, voire dans le monde judiciaire, comme le montre Olivier Godard dans son analyse de la définition du principe de précaution proposée par le Conseil d'État en 1998[14]. En particulier, lorsque les Américains veulent critiquer les Européens, ils considèrent que c'est de cette version radicale que nous parlons, alors que, nous le leur répétons, ce n'est pas le cas.

La seconde acception du principe de précaution, que je développerai bien davantage, est celle d'un principe que j'appelle « modéré », dans lequel il faut intégrer l'incertitude non par une inversion de la charge de la preuve, mais par une prise en compte de cette incertitude de manière plus proportionnelle à ce qu'on va pouvoir dire effectivement sur sa nature et son importance. De manière plus précise, l'Union européenne[15] a proposé quatre critères pour la mise en œuvre de ce principe de précaution « modéré » :

– la **proportionnalité** entre la sévérité du risque envisagé (ampleur, durée, réversibilité...) et la décision le concernant ; il s'agit justement de ne pas avoir une décision de type tout ou rien ;
– la **cohérence** entre les décisions prises au titre des différents principes : un produit que l'on va interdire au nom du principe

[13] Voir Godard O., 2000. Le principe de précaution. *Projet*, 261, 50-62.

[14] Godard O. et Lagadec P., 2002. Crises et précaution. *In Les séminaires de l'IDDRI*, Paris. [En ligne] disponible sur www.iddri.org/iddri/telecharge/mardis/07_godard_lagadec.pdf (consulté le 23/02/07).

[15] Communication de la Commission européenne sur le principe de précaution. [En ligne] disponible sur http://ec.europa.eu/environment/docum/20001_fr.htm (consulté le 23/02/07).

de précaution ne doit pas être l'objet d'une décision plus dure qu'un produit qui serait interdit au nom de la prévention, c'est-à-dire dans le cas de risque avéré ;
– la **réversibilité « organisée »** des décisions, puisque l'on émet l'hypothèse, dès lors qu'on est en situation d'incertitude, que la situation peut changer. Non seulement on fait cette hypothèse, mais on décide d'organiser l'évolution de la décision, c'est-à-dire de faire évoluer l'incertitude, à travers soit des recherches ciblées pour mieux connaître le problème, soit la mise en place d'une vigilance, c'est-à-dire d'un dispositif d'observation pour voir si le risque supposé se manifeste effectivement ou pas ;
– la nécessité d'**analyses comparatives coûts/bénéfices** des options : lorsque le risque lié à une innovation ne peut être considéré comme parfaitement maîtrisé, il faut le mettre en balance avec les avantages possibles de cette technique.

Si nous revenons à notre espace du risque, défini par les deux axes, des niveaux de certitude d'une part et de sévérité d'autre part, on constate que, en complément des principes de correction et de prévention, le principe de précaution vient occuper une partie de l'espace correspondant antérieurement au principe de correction, celui des risques sévères mais non-avérés. Ce troisième principe peut donc être vécu et perçu soit comme une extension du champ de la science, puisque le principe de correction réduit son champ d'application, soit comme une réduction du champ de la science, justement parce qu'est développée une critique de la capacité de la science à réaliser pleinement l'évaluation des risques. Cette ambiguïté explique sans doute que les scientifiques aient des visions contrastées de ce principe, comme l'ont montré les débats autour de la Charte de l'environnement.

Les implications pour la décision

Tout d'abord, il convient de rappeler qu'un principe n'a jamais garanti la qualité d'une décision et qu'il est important de se démarquer d'une vision que j'appelle « incantatoire » du principe de précaution : le fait que vous agissiez au nom du principe de précaution, du principe de prévention, du principe de Peter ou du troisième principe de la thermodynamique ne saurait rendre

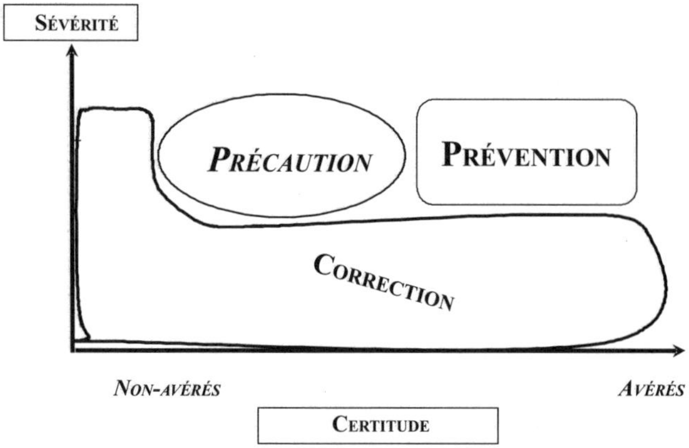

la décision que vous allez prendre automatiquement bonne. Or dans les discours actuels, on entend très souvent des responsables dire : « J'ai pris ma décision au nom du principe de précaution », voire « en vertu du principe de précaution », comme si cette invocation donnait, comme par magie, à leur décision un label de qualité. Même si l'on applique le principe de précaution, les questions « quelle décision allez-vous prendre ? Est-elle bonne ou mauvaise ? » restent tout aussi pertinentes que si n'importe quel autre principe était appliqué. D'où l'interrogation « quelles sont les conséquences du principe de précaution pour ceux qui vont conseiller les gestionnaires, c'est-à-dire évaluer les risques ? »

La première de ces conséquences est que, dès lors qu'il faut prendre en compte des incertitudes, il est important d'identifier de manière beaucoup plus large tout l'aléa possible lié à une innovation et prendre en compte des choses même très incertaines. Dans une première phase, il convient de mettre sur la table avec un maximum de créativité tout ce qu'on peut imaginer comme conséquences possibles d'une innovation. Il faudrait donc sans doute se forcer, dans les comités d'experts, à distinguer une phase de créativité, de type remue-méninges, et une phase d'analyse critique au cours de laquelle on examine la plausibilité de chaque hypothèse. Nous avons certainement un déficit dans cette phase imaginative, et j'ai tendance à penser qu'il serait probablement utile de faire intervenir à ce niveau-là des personnes ayant une psychologie un peu différente, peut-être plutôt des artistes que des experts.

Dans la seconde phase, les évaluateurs doivent fournir aux gestionnaires des éléments permettant de « calibrer » au mieux leur décision. En effet, que peut décider de faire un gestionnaire au nom du principe de précaution qui, comme nous l'avons vu, incite à agir mais ne conduit pas forcément à interdire en cas d'incertitude ? Le décideur peut choisir dans une gamme de décisions de plus en plus « lourdes » : ne rien faire (si finalement il ne croit pas au risque mentionné) ; mettre en place une vigilance (s'il lui semble utile d'y regarder de plus près) ; lancer un programme de recherches ciblées (s'il pense nécessaire de mieux connaître le phénomène) ; avertir la population du risque potentiel (s'il juge que le problème peut être inquiétant) ; décider de restrictions d'usages (pour des populations ciblées) ou aller jusqu'à l'interdiction, temporaire ou définitive. Dès lors que le décideur dispose de cette gamme d'actions possibles, il ne va pas se contenter d'entendre qu'il existe de l'incertitude : il demandera qu'on lui donne une échelle lui permettant de calibrer ses décisions par rapport à une description un peu plus fine de l'incertitude.

Qualifier l'incertitude

Pour qualifier cette incertitude, je propose d'introduire quatre concepts : la plausibilité, la réductibilité, l'observabilité et la réversibilité du phénomène.

La plausibilité

Cette notion de « plausibilité » doit tout d'abord être bien distingués de celle de « probabilité ». Pour cette dernière, on est sûr que le phénomène existe et on essaie de voir quelle est sa probabilité d'occurrence à tel ou tel endroit. Pour la plausibilité, on s'interroge sur l'existence même du phénomène. On peut donc avoir des combinaisons variées de ces deux paramètres : ainsi, la plausibilité qu'un homme puisse être atteint de la maladie de la vache folle était en 1996 très forte mais la probabilité du phénomène faible.

Que peut-on faire dire à des experts sur cette notion de plausibilité ? Posons que le degré d'information dont on dispose sur un sujet peut se définir par deux variables : d'une part la quantité d'informations disponibles, et d'autre part la « qualité » de l'information. Pour la quantité d'informations, on peut imaginer aisément des indicateurs numériques, des analyses bibliométriques ou demander à des experts s'ils considèrent que le dossier est abondamment ou au contraire faiblement documenté. La « qualité » de l'information peut être estimée par le degré de consensus des experts à son sujet. Pour qualifier ce degré de consensus, je propose l'échelle suivante, qui permet de faire préciser aux experts la nature du désaccord :
– niveau 1 : c'est la validité même des données qui est contestée. Les données fournies sont jugées non-valides parce qu'obtenues avec un mauvais appareil, une méthode de dosage discutable, en n'ayant pas mesuré les formes biologiquement actives du produit, etc. ;
– niveau 2 : la controverse porte sur l'analyse des données employées. Les données sont jugées correctes, mais la méthode d'échantillonnage ou d'analyse statistique des résultats conduit à des interprétations critiquables. C'est par exemple tout le débat sur les méthodes d'évaluation de la toxicité des OGM, auxquelles on reproche souvent de ne pas utiliser les bons témoins ou de ne pas calculer la signification statistique globale des comparaisons réalisées ;
– niveau 3 : la discussion concerne la représentativité du phénomène étudié. La qualité de l'expérience est reconnue, mais le modèle n'est pas jugé représentatif. Utiliser une lignée particulière de souris pour représenter tel phénomène toxique ou allergique chez l'homme est par exemple considéré comme non-pertinent, ou la mise en évidence *in vitro* de phénomènes de transfert de gènes de résistance à des antibiotiques des plantes à

des bactéries n'est pas considérée comme probante par rapport à ce qui se passe dans le sol. Le débat peut d'ailleurs prendre deux formes opposées : un phénomène peut avoir été mis en évidence mais cela ne sera pas considéré comme un argument suffisant ou, au contraire, on considérera que le fait de ne pas observer le phénomène ne prouve pas qu'il ne puisse advenir. On peut classer au même niveau les cas où l'on ne dispose pas de démonstration directe d'un phénomène. C'est le cas par exemple de la transmission à l'homme de l'ESB : on ne peut obtenir de preuve expérimentale (qui nécessiterait de contaminer volontairement des humains !), mais il existe des évidences épidémiologiques (le pays où les cas de maladie de Creutzfeld-Jacob sont les plus nombreux est celui qui présente le plus d'ESB bovine...). Ces données ne constituent pas une démonstration au sens strict du terme, mais possèdent déjà un certain pouvoir de conviction ;
– niveau 4 : il y a beaucoup de données et chaque observation est considérée comme pertinente, mais il y a non-cohérence entre les observations. C'est par exemple le cas de l'effet biologique des ondes électromagnétiques, sur lequel existe toute une littérature, une quantité énorme de données dont les unes montrent des effets biologiques incontestables mais dont d'autres amènent à considérer que ces effets n'ont pas de signification en termes de risques, d'où des opinions très contrastées sur l'innocuité de ces ondes ;
– niveau 5 : on est très proche du consensus. Les experts sont pratiquement d'accord sur l'existence du phénomène, mais discutent encore sur sa précision, sur l'intervalle de confiance. Par exemple : le réchauffement climatique sera-t-il de 1 ou de 3 °C ? Peut-on vraiment exclure la valeur zéro (pas de réchauffement) de l'intervalle de confiance ? Le pollen des plantes transgéniques se disperse-t-il en restant viable jusqu'à 500 mètres ou 3 kilomètres ?

Il est donc possible de faire travailler les experts pour savoir si on est dans des controverses plutôt « bas de gamme » (niveau 1) ou si, au contraire, on tend vers un consensus sur la question (niveau 5).

En utilisant ces deux variables (quantité d'informations et degré de consensus) pour définir un « espace de plausibilité »[16], on a dans le coin supérieur droit la certitude (ou l'incertitude « résiduelle »), atteinte quand on dispose de beaucoup d'informations et que le consensus est quasi unanime (comme aujourd'hui le rôle de l'homme dans le changement climatique) et, à l'opposé, l'incertitude radicale, lorsqu'à la fois on n'a que très peu d'informations, et qu'en plus les experts ne sont pas d'accord entre eux (c'est l'exemple de la mémoire de l'eau ou de la fusion froide). Entre les deux, vous avez deux situations. Celle de l'incertitude consensuelle, où l'information est encore limitée, mais où les experts ont tendance à être du même avis. C'est le cas pour la transmission à l'homme de l'ESB où, malgré le nombre limité de données, tous les experts convergent sur le fait qu'il faut retenir cette hypothèse. De l'autre côté, vous avez l'incertitude conflictuelle, situation dans laquelle un grand nombre d'informations existent, mais où le débat demeure vif ; c'est le cas pour les risques liés aux ondes électromagnétiques.

Dans cet espace, on peut définir la plausibilité comme le produit de la quantité d'information par la qualité du consensus, en prenant une échelle de 0 à 1 ; les lignes de même plausibilité sont des hyperboles. Vous obtenez ainsi une certaine métrique de la plausibilité, et donc un premier outil de description de l'incertitude par rapport au phénomène que vous étudiez.

La réductibilité

Pour définir cette deuxième variable, nous introduisons une autre classification des types d'incertitudes : celles que l'on peut réduire par une meilleure évaluation des paramètres, en recueillant davantage de données (par exemple la durée d'incubation d'une maladie ou la fréquence des vaches porteuses asymptomatiques de l'ESB), celles qui exigent au préalable un

[16] Chevassus B., 2001. Quatre attitudes face aux controverses. *La Recherche*, 339, 82-85.

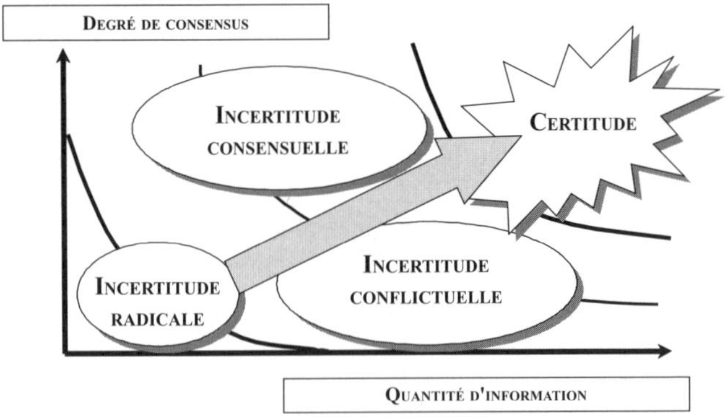

travail de modélisation pour interpréter les observations, ou la comparaison de modèles existants (par exemple, quel modèle de courbe pour les relations dose-effet en toxicologie ou pour la dispersion du pollen à longue distance), les incertitudes qui peuvent résulter d'effets systémiques (par exemple, des effets écotoxicologiques dus à l'interaction entre différents polluants) et, enfin, les incertitudes que j'appelle « radicales », lorsque l'on a affaire à des phénomènes sans déterminisme connu ou de type chaotique. Ces distinctions sont importantes, car les seules situations où l'on peut réduire l'incertitude par un effort de recherche ciblée pendant un temps relativement court (un à deux ans) sont les deux premières, c'est-à-dire lorsqu'il s'agit de mieux évaluer des paramètres ou de développer les modèles pertinents. La réductibilité traduira donc cette capacité de l'incertitude à se réduire notablement par des recherches ciblées. Notons que cette évolution de l'incertitude pourra se faire dans un sens ou dans l'autre : à l'issue des recherches, le phénomène apparaîtra soit comme plus plausible, voire quasi certain, soit comme moins plausible qu'auparavant, les données complémentaires n'ayant rien apporté.

L'observabilité

Lorsqu'il n'est pas possible de réaliser des recherches pour améliorer la situation, on conseille la mise en place d'un dispositif de vigilance ; la question est alors de savoir si ce dispositif permettra effectivement d'observer le phénomène recherché. C'est toute la controverse entre Américains et Européens à propos des risques alimentaires des OGM : les premiers affirment que les OGM ne présentent aucun risque puisqu'ils en consomment depuis longtemps sans avoir rencontré de problèmes, les seconds répondent : « Mais qu'avez-vous regardé sur votre population ? Avez-vous étudié un phénomène observable ? Si par hasard les OGM posaient des problèmes d'allergénicité, vos systèmes de sécurité sanitaire seraient-ils capables de les détecter ? » Autre exemple : les doses autorisées pour les pesticides utilisés un par un ne posent pas de problème, mais est-on sûr que, si on les mélange tous, des effets d'interaction, donc des effets non-linéaires, n'apparaîtraient pas ? Si un tel effet existait, les systèmes de vigilance le révèleraient-ils ? Là, il faut bien reconnaître que l'observabilité est faible.

Ces trois variables permettent de proposer au gestionnaire un « espace de décision » à trois dimensions, qui va lui permettre non pas de prendre sa décision, mais de baliser la gamme des décisions possibles. Ainsi, dans le cas « plausibilité faible, observabilité faible, réductibilité nulle », ne rien faire n'est *a priori* pas scandaleux. Si, en revanche, on a une observabilité correcte mais une réductibilité faible (ce qui rend inopportun de stimuler la recherche) et une plausibilité pas très élevée (qui ne justifie donc pas encore d'alerter la population), la mise en place d'une vigilance est sans doute la décision adéquate. Dans une situation où manifestement un effort de recherche ciblée complémentaire peut modifier l'incertitude, là, mais uniquement dans ces conditions-là, on peut conseiller au décideur de lancer un programme de recherche *ad hoc*. Enfin, si l'on se situe dans un domaine de plausibilité forte, il lui sera recommandé d'appliquer des restrictions d'usage.

Restent les cas les plus difficiles : ceux où l'observabilité est faible. C'est notamment le cas pour les impacts sanitaires ou environnementaux des OGM. Cette observabilité faible conduit à augmenter le champ d'application de mesures de restriction d'usage, car le décideur se dit que si l'on ne peut pas observer le phénomène et si la plausibilité est déjà conséquente, il est de sa responsabilité d'interdire, puisque le problème ne pourra être détecté s'il advient. Le cas de l'ESB est représentatif de cette situation, car le délai nécessaire pour observer la maladie humaine est tel que les signaux confirmant ou infirmant le risque arriveront trop tard. Dans ce cas, le décideur est conduit à « prendre des décisions dures basées sur une science molle ».

La réversibilité du phénomène

Pour conclure sur cet aspect de l'aide à la décision en situation d'incertitude, j'introduirai le paramètre de « réversibilité du phénomène »[17]. Ce paramètre amène à analyser, en fonction du moment où sera prise la décision, si son efficacité est stable ou susceptible d'évoluer. Si l'on prend comme exemple la mise sur le marché d'un médicament, on peut considérer que, en fonction de nouvelles informations sur des effets secondaires imprévus, on pourra à tout moment le retirer de la vente et faire cesser quasi immédiatement ses effets néfastes. Par contre, s'il est décidé d'autoriser la dissémination d'un agent de lutte biologique, d'une nouvelle espèce ou d'un OGM et que des impacts imprévus sur l'environnement apparaissent, on voit bien que plus le temps passera, plus il sera difficile et long de revenir à l'état antérieur (sauf si l'on a produit des individus stériles). Dans ces cas où la réversibilité est susceptible de se dégrader avec le temps – on pourrait aussi dénommer ce paramètre « différabilité » de la décision –, la gamme des décisions possibles tend à se restreindre et oblige le décideur à choisir entre les deux extrêmes, inaction ou restriction forte d'usage, voire interdiction selon le jugement qu'il porte sur la plausibilité.

[17] Cette notion est différente de celle de « réversibilité de la décision », que nous avons évoquée en présentant la communication de l'Union européenne sur le principe de précaution.

Le risque zéro et les analyses coûts/bénéfices

J'introduirai cette discussion sur les analyses coût/bénéfices à partir de la notion souvent énoncée[18] de « risque zéro ». En effet, beaucoup de déclarations des uns et des autres commencent par : « Il est évident que le risque zéro n'existe pas ». C'est pourquoi j'ai tendance à dire que le risque zéro est désormais un concept orphelin, dont personne ne veut assurer la paternité. Il a pourtant bien fallu qu'un jour quelqu'un l'introduise ! Quoi qu'il en soit, par rapport aux développements précédents, un citoyen logique remarquera : « Vous dites bien que vous essayez d'analyser les risques, de les réduire, etc., mais, finalement, vous ne pouvez pas garantir le risque zéro. Et si, en plus, vous dites que le risque zéro n'existe pas, cela veut dire que nous allons prendre un risque. Nous voudrions donc bien savoir ce qui justifie qu'on le prenne, c'est-à-dire le mettre en balance avec un éventuel avantage. »

Comme nous l'avons vu dans la Déclaration européenne sur le principe de précaution, cette idée a été reprise par certains décideurs qui, face à une réticence de la population, ont émis l'idée de considérer les bénéfices pour montrer l'intérêt d'une innovation, comme dans le cas des OGM[19]. Que penser de cette option ? Je serai plus rapide que dans la partie précédente et ne discuterai que quatre points qui me semblent importants.

Tout d'abord, il faut remarquer que rentrer dans l'analyse coût/bénéfice serait une démarche tout à fait dérogatoire par rapport aux procédures classiques liées à la mise sur le marché des produits. Aujourd'hui, cette analyse n'existe que pour les médicaments (et les produits phytosanitaires, apparentés), parce que, justement, on sait que tout médicament actif présente une certaine toxicité : on est donc obligé de faire une balance entre les risques, dont on

---

[18] En 2006, Google recensait 173 000 références francophones sur le terme « risque zéro », et 54 900 sur la phrase « Le risque zéro n'existe pas » !

[19] Voir par exemple la déclaration du ministre de l'Agriculture Jean Glavany au *Journal du Dimanche* en août 2001 : « Mon idée est de prendre en compte l'intérêt et les objectifs des essais OGM avant d'accorder ou pas une autorisation d'expérimentation en plein champ. »

reconnaît l'existence, et la vertu curative. Mais pour beaucoup d'objets de la vie courante, on a tendance à considérer que le rôle de l'État, et donc de l'évaluation du risque, est de déterminer si un risque existe ou non et, s'il en existe un, de le réguler, mais pas de faire entrer en ligne de compte l'aspect bénéfice. Prenons l'exemple des jouets. Sur un jouet, on regarde la localisation de la pile, la fermeture, etc., et on conclut par exemple : « Ne convient pas à un enfant de moins de trente-six mois ». Il ne viendrait à personne l'idée de faire tester ce jouet dans des écoles maternelles et de proposer, s'il plaît vraiment beaucoup aux gamins, de l'autoriser dès trente mois ou, à l'inverse, de l'interdire parce qu'il ne les amuse pas. Pour la plupart des objets, on considère donc que la puissance publique gère le risque et que c'est ensuite au marché d'en mesurer le bénéfice éventuel.

Deuxième point : dès que l'on commence à discuter de rapport entre coûts et bénéfices, on a tendance à raisonner en termes de bilan comptable, c'est-à-dire avec une colonne de « + » et une colonne de « – ». Et quand on commence à se poser la question d'une métrique commune aux deux colonnes, on se rend compte que c'est parfois extrêmement difficile. Par exemple, on aura d'un côté des bénéfices financiers et de l'autre des risques en termes de santé humaine ou de perte de biodiversité, alors que pour le médicament, on comparera effectivement des risques de même nature. Autre différence dans le cas du médicament : ce ne seront parfois pas les mêmes personnes qui subiront les risques et qui profiteront des bénéfices, d'où une question difficile d'équité. Pour ces différentes raisons, il sera difficile d'affirmer sur des bases objectives que le bilan est « globalement positif » (ou négatif).

Troisième point : pour que les bénéfices puissent entrer en ligne de compte de manière crédible, il apparaît indispensable qu'ils soient évalués avec la même rigueur que les risques. Il semble en particulier difficile que, suite à une évaluation scientifique des risques, le gestionnaire déclare simplement qu'il a « considéré les bénéfices » et que cela le conduit à autoriser une innovation pour laquelle des risques ont été identifiés ou, à l'inverse, à interdire une innovation dont les experts n'ont pas mis en doute l'innocuité. Or, dans des situations d'incertitude, il est vraisemblable que les méthodes d'évaluation des bénéfices seront frappées de critiques similaires à celles de l'évaluation des risques. L'idée que la mise en lumière de bénéfices évidents mettrait fin aux débats autour des risques apparaît donc excessivement optimiste, voire naïve. Au contraire, l'incertitude sur le rapport entre deux grandeurs mal connues risque fort d'être encore plus grande !

Le dernier point, qui me semble le plus important, est de savoir si le fait de développer l'analyse coût/bénéfice offrirait ou non de nouveaux espaces de négociation par rapport à l'analyse de risques, c'est-à-dire pourrait conduire dans certains cas à des décisions radicalement différentes. Supposons que toutes les questions précédentes soient résolues, que l'on sache bien évaluer les risques et les bénéfices et les comparer. On part de l'état actuel de sécurité du système alimentaire, avec un niveau donné de risques et un niveau donné de bénéfices que nous considérons comme la référence acceptée. Rentrer dans l'analyse bénéfices/risques implique tout d'abord que, au lieu de s'imposer un seuil de risque maximum, l'on s'interdise d'augmenter le rapport risques/bénéfices. Par rapport à l'état de référence, on a donc quatre situations possibles. La première correspond au cas où le risque augmente et conduit à une augmentation du rapport risques/bénéfices : on refusera logiquement une telle évolution. Deux situation où le risque diminue peuvent ensuite se présenter :
– une situation « paisible », dans laquelle on se propose de réduire les risques et d'augmenter les bénéfices : dans ce cas, pas de problème. Prenons un exemple : soumettre le jus de mandarine à un traitement hyperbar, qui détruit bien les bactéries et en plus préserve le goût du produit, ne présente que des avantages par rapport aux traitements thermiques ;
– une situation « acceptable », dans laquelle on perd quelques bénéfices mais on diminue encore plus le risque. C'est le cas de la pasteurisation des produits, qui réduit incontestablement les risques, au détriment parfois des qualités organoleptiques. On peut dire que beaucoup d'innovations dans l'agro-alimentaire se sont situées dans cette zone acceptable.

Avant d'examiner la dernière situation, remarquons que dans les trois précédentes, l'analyse risques/bénéfices et l'analyse de risques conduisent aux mêmes conclusions, d'interdiction dans le premier cas, d'autorisation dans les deux suivants. La considération des bénéfices n'apporte donc aucune « valeur ajoutée » par rapport à une analyse limitée aux risques.

Reste la question de savoir si l'on peut s'aventurer dans la zone « hasardeuse », c'est-à-dire la situation où le risque augmente mais où les bénéfices attendus font que le rapport risques/bénéfices évolue favorablement. Pourrait-on par exemple envisager d'utiliser des OGM, dont on n'est pas complètement sûr de l'absence de risque, s'ils présentaient des bénéfices pour la santé, par exemple une réduction des allergies ou un apport de vitamines ? On rentre là dans une zone où une discussion est peut-être possible, mais j'ai le sentiment que l'espace de négociation n'est finalement pas très large : l'existence de bénéfices ne permet pas de monter tellement au-dessus de la barre du risque initial. Dans le domaine médical, on dispose effectivement de cet espace de négociation, car on peut mettre sur la table, à propos d'OGM pour la thérapie génique par exemple, des maux effroyables, tels que les cancers ou les maladies génétiques. Comme on se déplace, au moins en théorie, beaucoup sur l'axe du bénéfice, le fait qu'un virus recombinant soit susceptible d'avoir quelques effets secondaires sur l'environnement va effectivement être accepté. Mais dans d'autres domaines, en particulier celui de l'alimentation, il me semble que l'analyse coût/bénéfice, avec tous les problèmes méthodologiques qu'elle suppose, n'ouvre pas tellement d'espace de négociation.

L'implication de la société civile

Quelle interprétation pour la « crise de l'expertise » ?

Dans le modèle standard, lorsque la persistance d'une distorsion est constatée entre l'opinion de la société et l'avis des experts, on a tendance à analyser le dysfonctionnement en considérant que la communication est insuffisante, que le message est perturbé par d'autres sources, par les médias, etc. Cette analyse conduit à persister, à en faire plus, c'est-à-dire à renforcer la communication, élaborer des documents « grand public », tester de nouveaux médias, etc. En outre, la communication est conçue dans ce cas comme directionnelle, c'est-à-dire qu'il faut expliquer aux gens ce qu'est vraiment le risque, les persuader par des arguments pertinents. Mais il existe une autre hypothèse : en fait, les gens comprennent très bien, ils ont suffisamment d'informations et s'ils ne sont pas d'accord et n'ont pas la même perception que les experts, ce n'est pas dû à une irrationnalité mais à une autre rationalité. Cette interprétation est à la base de tout le développement de ce que l'on appelle la « théorie sociale du risque », dans laquelle l'idée globale est que, pour le commun des mortels, la « valeur » d'un risque n'est pas (seulement) une quantité, mais plutôt un ensemble de qualités. Dans ce cas, la question n'est plus de faire plus de communication mais de prendre le problème autrement.

Ces deux thèses ne sont pas exclusives. Je ne développerai pas la première, qui est assez facile à comprendre, et je vais surtout me concentrer sur la seconde, pour laquelle je développerai surtout trois points. Le premier de ces points concerne les raisons pour lesquelles le citoyen a tendance à prendre ses distances par rapport à l'analyse quantitative. Le deuxième détaillera les composantes de la théorie sociale du risque. Le troisième, que je ne ferai qu'évoquer, portera sur la nécessité de ne pas confondre réticence et risque.

La distanciation par rapport à la quantification

Je ne crois pas à la thèse selon laquelle les citoyens ne savent pas quantifier le risque : ignorant la mortalité réelle induite par les différents risques, ils auraient tendance à s'effrayer devant des phénomènes qui n'ont en réalité causé que trois ou quatre morts et à sous-estimer des causes de mortalité importantes comme l'alcool ou les accidents de la route. Cette hypothèse de méconnaissance des risques « réels » a d'ailleurs été testée aux États-

Unis[20] : on a demandé à un panel de citoyens de dire, pour une trentaine de risques, combien, à leur avis, chacun occasionnait de morts. Sur un graphique, ont ensuite été transposées les estimations des profanes (sur l'axe des ordonnées) et les vraies valeurs, connues, de la mortalité (sur l'axe des abscisses) ; la corrélation entre les deux séries de valeurs était de plus de 80 %, avec cependant une légère tendance à la sous-estimation des risques forts et à la surestimation des risques faibles. Les citoyens savent donc, au moins en termes d'ordre de grandeur, si un risque donné provoque peu ou beaucoup de morts. S'ils disent que là n'est pas le problème, ce n'est donc pas par ignorance de l'impact réel du risque, mais parce qu'ils ont analysé les choses autrement.

Pour le comprendre, il convient de rappeler tout d'abord qu'il existe trois définitions, ou approches possibles, d'un phénomène probabiliste. La première considère la probabilité comme le degré de confiance qu'on accorde à la réalisation d'un événement : c'est l'approche intuitive. La deuxième est l'approche statistique, qui définit la probabilité comme la fréquence observable d'un événement donné. La troisième est l'approche analytique, qui procède par analyse et démonstration mathématiques. Le problème est que les citoyens, et même les experts, ne disposent pas toujours de ces trois approches. On peut certes toujours avoir l'approche intuitive. En revanche, les séries statistiques n'existent pas toujours, et le citoyen n'a le plus souvent accès qu'à un petit échantillon non-représentatif, limité à ses fréquentations. Quant à l'approche probabiliste analytique, elle est réservée à des cas formalisables limités, comme les jeux de dés ou de cartes. Par ailleurs, ces différentes approches ne sont pas forcément convergentes. Pour illustrer ce point, je vous propose trois petits jeux.

Premier jeu : vous prenez une assemblée d'une quarantaine de personnes auxquelles vous proposez de parier qu'il y a dans la

---

[20] Voir Slovic P., 1992. Perception of Risk: Reflections on the Psychometric Paradigm. In S. Krimsky and O. Golding (eds), *Social theories of risk*, Praeger, Wesport, Connecticut, 117-152.

salle deux individus qui fêtent leur anniversaire le même jour. Beaucoup, comparant 40 à 365 jours dans l'année, sont prêts à parier 10 € que tout le monde est né un jour différent. Or le probabiliste vous démontrera que dès que l'on atteint un nombre de 40 personnes, on a 90 % de chances de trouver dans la salle deux personnes ayant la même date d'anniversaire.

Le deuxième jeu s'appelle « le paradoxe de Saint-Pétersbourg ». Vous proposez à quelqu'un le jeu suivant : je vous donne 100 € et une pièce pour jouer à pile ou face ; si vous tirez tout de suite face, vous me rendez 2 € et vous avez donc gagné 98 €, sinon vous rejouez ; si vous sortez face la deuxième fois, vous me rendez 4 € ; si vous l'obtenez au 3e coup, vous me rendez 8 €, etc. Acceptez-vous de jouer ? Votre interlocuteur va tenir le raisonnement suivant : *a priori*, il me faudra en moyenne deux coups pour tirer face ; et même si je ne l'obtiens qu'au 5e ou 6e coup, il me restera encore une partie des 100 €. Or le probabiliste vous dira que ce jeu à une espérance de perte infinie : autrement dit, vous pouvez y perdre l'ensemble de votre fortune et il faut refuser d'y jouer.

Ces deux premiers jeux montrent que, souvent, dès qu'un problème est un peu complexe, les approches intuitives et probabilistes ne convergent pas, ce qui peut expliquer en partie les divergences de perception entre experts et profanes. Je développerai un peu plus longuement le dernier jeu car il illustre bien pourquoi l'approche de la théorie des jeux ne peut rendre compte que de manière limitée des comportements réels, même lorsque ceux-ci sont rationnels[21]. Tout d'abord, je vous donne le choix entre recevoir tout simplement 1 € ou bien jouer à pile ou face et gagner 3 € si vous tirez pile. La plupart d'entre vous vont accepter ce jeu, sur la base d'un calcul probabiliste simple. Je vous propose maintenant une variante : empocher 100 000 €, ou bien jouer à

---

[21] Voir également sur cette question Commissariat général au Plan, 2002. La décision publique face aux risques. Chapitre III : Approches économiques des risques. *Rapport du séminaire « Risques » animé par M. Matheu*. Éd. La Documentation française, Paris.

pile ou face, et gagner 300 000 € si vous tirez pile. Là, vous ne jouerez sans doute plus et vous réclamerez vos 100 000 €. Pourtant, en terme de théorie des jeux, les deux variantes sont formellement tout à fait équivalentes et l'espérance de gain[22] est toujours meilleure en choisissant de jouer.

On voit donc que, dans certains cas, des personnes sensées prennent leurs distances par rapport à la quantification en termes d'espérance mathématique. Le risque, défini comme le produit d'un impact par une probabilité, ne correspond pas à leur manière de percevoir les choses. Si on leur demande de comparer un risque ayant une probabilité d'un sur 10 000 et un impact potentiel de 1 000 morts et un risque dont la probabilité est d'un sur 100 et l'impact de 10 morts, ils répondent que le premier est beaucoup plus grave que le second. Ils n'acceptent pas de compenser des impacts sévères par des probabilités faibles et vont considérer de manière plus complexe ces deux aspects. Cela parce que la vie n'est pas un jeu pour joueurs professionnels. Ce que Pascal avait développé avec la théorie des jeux, c'était une théorie valable pour des gens qui jouent à répétition.

Pour l'illustrer, revenons à notre jeu : je m'engage maintenant à vous proposer, quoiqu'il arrive, dix fois le choix entre empocher 100 000 € et lancer la pièce. Cette fois, si vous me faites confiance, vous allez accepter de jouer à pile ou face. Autrement dit, dès que vous pouvez répéter le jeu, vous acceptez de jouer. Mais lorsque l'enjeu est tel qu'il met fin au jeu, vous n'acceptez pas.

C'est d'ailleurs en poussant ce raisonnement à l'extrême que le philosophe Jean-Pierre Dupuy, s'inspirant des approches de Hans Jonas, a développé sa thèse du « catastrophisme éclairé »[23]. Lorsqu'un événement lié à une technologie est susceptible de se

---

[22] La notion d'« espérance mathématique » est la somme des produits des gains possibles par leurs probabilités : elle est donc de 1 (ou 100 000 €) si l'on ne joue pas et de 1,5 (ou 150 000 €) si l'on accepte de jouer.

[23] Dupuy J.-P., 2002. *Pour un catastrophisme éclairé. Quand l'impossible est certain.* Éd. du Seuil, Paris.

produire, même avec une probabilité infime[24], mais qu'il mettrait dans ce cas gravement en péril tout ou partie de l'humanité, il ne faut pas s'engager dans cette technologie ; autrement dit, il faut considérer seulement l'impact et non le produit de l'impact par la probabilité. Les mathématiciens justifieront cette approche en faisant la remarque que ce produit est de la forme $(0 \times \infty)$ et a donc une valeur indéterminée. Le débat autour de cette thèse tourne autour de la possibilité de définir concrètement les situations répondant à ce critère, notamment parce qu'il est toujours possible de bâtir un « scénario-catastrophe » à partir d'un événement initial apparemment anodin[25].

Pour contourner cette difficulté, l'expert dira : « Vous, effectivement, s'il s'agit d'un risque de décès, vous ne jouez qu'une fois, mais moi je considère une population – ce sont des individus différents qui constitueront la répétition ; autrement dit, je considère que la répétition “dans l'espace” par des individus différents est formellement équivalente à la répétition dans le temps par un individu donné. »

Retournons une dernière fois à notre jeu pour montrer le caractère peu convaincant et très technocratique de cette approche. Je vous propose en effet de ne plus vous poser dix fois la question à vous, mais de la poser une seule fois à dix personnes différentes tirées au hasard dans la rue. Dans ce cas, non seulement vous refuserez de jouer mais toutes ces personnes feront de même. En revanche, si je vous propose de venir avec dix personnes de votre choix pour réaliser le même test, je suis persuadé qu'elles répondront toutes favorablement, car vous aurez certainement convenu auparavant de mutualiser les gains obtenus ; dans ce cas, vous acceptez que ces personnes constituent des « répétitions » de vous-même.

---

[24] Contrairement à ce qui a parfois été présenté, il ne s'agit pas à proprement parler d'une approche de précaution, car il s'agit de phénomènes dont on ne met pas en doute la possibilité : selon notre terminologie, leur plausibilité est de 1 mais leur probabilité faible.

[25] Voir Godard O., 2000. Le principe de précaution. *Projet,* 261, 50-62.

Cela illustre donc bien le dernier aspect expliquant le caractère difficilement acceptable des probabilités, la notion de « mutualisation forcée ». Ainsi, pour souscrire une assurance automobile, vous commencez par choisir une compagnie d'assurances, et vous allez opter par exemple pour la mutuelle des instituteurs, parce que vous considérez qu'ils conduisent à peu près comme vous, ou celle des commerçants parce que vous l'êtes vous-même, ou celle des motards si vous l'êtes vous-même et que vous voulez exprimer une solidarité, même si les tarifs sont plus élevés… Choisir une compagnie d'assurances, c'est choisir la population avec laquelle vous acceptez de mutualiser le risque, parce que vous considérez que le jeu sera juste, car chacun jouera à peu près honnêtement et de la même manière. S'il n'existait qu'une seule compagnie nationale généraliste, certains refuseraient sans doute de mutualiser leur risque « avec ces cornichons de… qui ont toujours des accidents ». Or c'est bien cela que l'on fait quand on considère le risque au niveau global d'une population : on mutualise « de force » des gens qui ne se considèrent pas forcément comme ayant des intérêts communs et qui, en outre, ne se sentent pas égaux face au risque.

L'approche profane : les « qualités du risque »

Ayant compris les réticences par rapport à cette approche purement quantitative, nous pouvons maintenant essayer d'appréhender la manière dont les gens analysent effectivement les risques, en leur demandant : « Vous ne classez pas les risques en termes de quantité. Quels sont donc les critères qui pour vous sont importants ? » On met ainsi en évidence un certain nombre de « qualités » (ou « attributs ») des risques.

Le risque est-il assumé, c'est-à-dire « est-ce que je le prends de manière volontaire ou est-ce que je le subis ? » C'est l'opposition par exemple entre griller un feu rouge et manger un OGM non-étiqueté : dans le premier cas, vous décidez de vous exposer à un risque, dans le second, vous êtes exposés involontairement. Je voudrais à ce propos souligner mon désaccord avec l'idée souvent énoncée d'une augmentation de l'aversion aux risques par rapport à nos ancêtres ou à d'autres peuples plus aventureux.

Je considère plutôt que nous avons tous un « capital d'investissement » dans le risque, qui ne s'est pas forcément réduit mais qui, du fait de son caractère limité, doit faire l'objet d'investissements choisis et non se voir investi par d'autres dans des choix qui nous seraient imposés, ce qui est le cas pour beaucoup de nouveaux risques. Pour prendre une image, si nous faisions nos courses au supermarché des risques avec un budget donné, nous n'accepterions pas que d'autres remplissent notre caddie et que nous ayons ensuite à passer à la caisse !

Le risque est-il connu, c'est-à-dire « est-ce que je sais quand je m'expose (ou suis exposé) au risque ou non ? » C'est par exemple le débat qui a eu lieu en France autour du « nuage de Tchernobyl ». Un des aspects de cette connaissance du risque qui est particulièrement important dans le cas du risque alimentaire est son caractère perceptible ou non, c'est-à-dire le fait qu'il puisse être appréhendé par la vue, l'odorat, le toucher ou le goût, sens qui fournissent chez tous les animaux les signaux nécessaires à la décision cruciale d'ingérer ou non un aliment. Or, il est évident que de nombreux risques éventuels « modernes » des aliments (irradiation, présence de prions, de listerias, de résidus chimiques, traces d'OGM) sont incolores, inodores, insipides et impalpables ; nous sommes donc des « infirmes sensoriels » par rapport à ces risques, alors que nous avions quelques repères pour certaines altérations classiques des aliments. D'où la nécessité de mobiliser le seul sens qu'il nous reste, l'ouïe, c'est-à-dire de rechercher des informations dignes de foi auprès de proches ou de sources considérées comme crédibles. Inutile de s'étonner dans ce cas du caractère fortement médiatisé des débats sur les risques alimentaires !

Les effets de ce risque vont-ils être immédiats ou différés, c'est-à-dire « est-ce un risque sur lequel j'aurai le retour d'information rapidement – comme lorsque l'on grille un feu rouge ou que l'on mange les champignons de sa cueillette – ou, au contraire, est-ce une contamination qui mettra très longtemps à produire ses effets – comme dans le cas des maladies à prions, des effets éventuels des pesticides ou des radioéléments ? » Un cas extrême d'effets différés est celui des risques pour les générations futures, liés par exemple à des mutations.

La sévérité du risque au niveau individuel, c'est-à-dire sa capacité à induire à lui seul des décès ou, au contraire, son caractère de « facteur de risque », qui conduit à calculer un nombre de morts « statistiques », à partir d'études épidémiologiques. Ainsi, on peut calculer le nombre de morts dus à l'obésité, et l'on obtiendra des chiffres notables, mais aucun médecin n'indiquera sur un certificat de décès ce facteur comme cause ayant entraîné la mort. Or, ces morts « statistiques », même nombreux, apparaissent beaucoup plus acceptés que quelques cas de décès dûment référencés liés à un facteur identifié comme les listérioses ou la grippe aviaire.

Le potentiel catastrophique, c'est-à-dire l'ampleur maximale possible du problème. Ainsi, quand les épidémiologistes anglais ont évalué le nombre de cas possibles de maladie de Creutzfeld-Jacob en Grande-Bretagne entre 60 et 160 000, c'est ce dernier chiffre qui a été retenu comme estimation de la gravité potentielle de la situation. Cela peut conduire à considérer comme plus « graves » des risques ayant des probabilités très faibles mais un fort potentiel catastrophique, par rapport à des risques plus ordinaires (comme les accidents domestiques ou les accidents de la route) causant globalement plus de décès. En outre, l'estimation du potentiel catastrophique est souvent effectuée par les citoyens à partir de l'estimation de la population exposée. Ainsi, quand vous entendez à la radio : « La marque de voiture XXX rappelle son modèle qui présente un gros défaut de freinage », seule une population limitée se sent concernée et vous savez immédiatement si vous en faites ou non partie. Si par contre on dit : « La consommation d'OGM pourrait entraîner des allergies dans la population », c'est l'ensemble des Français qui se sent potentiellement victime de ce risque, quel que soit le nombre de personnes effectivement atteintes.

La certitude (ou la « maîtrise ») du risque, c'est-à-dire la capacité des experts à indiquer précisément la nature et l'ampleur du risque et à proposer des mesures de contrôle adaptées. Ce critère amène à pondérer très négativement les « nouveaux » risques, pour lesquels les experts apparaissent hésitants, voire en désaccord (comme pour l'ESB, la grippe aviaire ou les pesticides) par rapport aux risques classiques et bien connus (comme l'alcool ou le tabac). Cette question de la maîtrise du risque aboutit également à ce que René Amalberti a appelé le « paradoxe de l'ultrasécurité »[26], c'est-à-dire les situations où le risque a été progressivement réduit à un niveau très faible mais a atteint une asymptote, en dépit des tentatives pour le réduire encore : cette situation rend le public particulièrement intolérant aux quelques accidents qui perdurent, car ils apparaissent non-maîtrisés, voire même non-compris par les experts. Les cas de la circulation aérienne, de la médecine, de l'énergie nucléaire mais aussi de l'alimentation fournissent de bonnes illustrations de ce paradoxe, qui a conduit à repenser les comportements humains dans des systèmes techniques complexes et à considérer comme normale – et non comme des « erreurs humaines » – l'occurrence de comportements inadaptés aux circonstances. Cette prise en compte des comportements humains « réels » dans les systèmes de sécurité est à la base du concept de « sécurité écologique »[27].

Dernier point, qui est important, **le caractère juste ou injuste**, que les Anglais appellent « *fair or unfair* », lié au fait que ceux qui créent le risque sont aussi, ou ne sont pas, ceux qui le subissent. Ainsi, en sautant à l'élastique, je crée le risque et je le subis, et moi seul ; c'est donc un risque totalement juste. Par contre, si une multinationale étrangère exporte un produit éventuellement toxique, interdit dans le pays d'origine mais encore autorisé dans le pays destinataire, à l'évidence ceux qui créent le risque ne sont pas ceux qui y sont exposés : le risque est injuste.

---

[26] Voir Amalberti R., 1999. Les effets pervers de l'ultrasécurité. *La Recherche*, 319, 66-70.

[27] Amalberti R., 2002. Approche ergonomique des erreurs et des risques. *In*-Gilbert C. (dir.), *Risques collectifs et situations de crise*, L'Harmattan, Paris, 187-197.

On constate qu'avec ces descriptifs, on rend bien compte du fait que les gens vont finalement accepter ou non un risque. Si vous appliquez cette grille, vous arrivez par exemple à l'idée que doubler en haut d'une côte sans visibilité apparaîtra beaucoup plus acceptable que de manger un camembert contenant éventuellement une listéria. Doubler sans visibilité cumule des caractéristiques telles que : exposition volontaire, effet immédiat, risque connu et juste (sauf, hélas, pour celui qui arrive en face), etc., alors que le camembert avec listéria présente les caractéristiques opposées.

Si l'on examine maintenant dans cette optique les risques alimentaires et l'évolution récente de notre société dans ce domaine, on est amené à souligner tous les facteurs qui ont progressivement éloigné le consommateur du producteur de son alimentation. D'une alimentation rurale produite, préparée et consommée dans un cercle familial ou local au sein duquel existait un sentiment de solidarité assez fort, on est passé à une alimentation urbaine, préparée industriellement par des opérateurs dispersés à travers le monde. Cette évolution a conduit à un basculement de la plupart des attributs précédemment définis : volontaire, connu, juste et ayant des conséquences immédiates et limitées dans l'alimentation traditionnelle, le risque alimentaire est devenu inconnu, imperceptible, subi, injuste, porteur de menaces différées (risques liés aux pesticides, aux métaux lourds...) et susceptible de toucher un grand nombre de personnes. Ce « potentiel catastrophique » résulte en particulier de la concentration qui s'est opérée à tous les niveaux du système alimentaire, depuis la production jusqu'à la distribution et la consommation, qui se réalise souvent dans un cadre de restauration collective.

Du fait de la modification de ces attributs qualitatifs, l'acceptabilité du risque s'est donc dégradée, en dépit des affirmations des experts sur sa réduction progressive en termes quantitatifs. Cette évolution peut s'illustrer par le cas du botulisme, intoxication grave et relativement fréquente autrefois lorsque les conserves étaient issues de fabrications familiales : cette intoxication s'est fortement réduite du fait des progrès de la stérilisation industrielle, mais l'application de l'analyse précédente montre que le botulisme « familial » était beaucoup plus acceptable que le botulisme « industriel » et qu'une recrudescence des cas, même faible, serait considérée comme inacceptable.

On arrive donc à cette idée que l'on n'a pas une irrationalité d'un côté et une rationalité de l'autre, mais que l'on a à gérer deux rationalités, celle du scientifique et celle du citoyen, qui diffèrent en particulier sous trois aspects :
– le scientifique essaye d'évaluer un risque objectif, et dans ce mot froid, il y a le fait qu'il considère les gens comme des objets, donc qu'il évalue le risque pour les autres, pour une population globale considérée comme constituée d'individus identiques. Le citoyen, plus modestement, essaie de percevoir le risque pour lui et sa tribu (ses enfants, etc.) et doit le faire en s'appuyant sur des informations souvent limitées ;
– le scientifique va quantifier le risque d'une manière « unidimensionnelle », permettant une comparaison simple de différents risques, alors que le citoyen va essayer de repérer un certain nombre de caractéristiques qualitatives du risque pour le positionner dans un espace multidimentionnel et décider s'il s'agit d'un « bon » ou d'un « mauvais » risque ;
– l'expert se contente généralement d'évaluer le risque, alors que le citoyen va demander : « Que mettez-vous comme bénéfice en face ? » et que cette considération des bénéfices lui sera nécessaire pour accepter des risques même faibles, surtout si ce sont de « mauvais » risques.

En conséquence, si l'on reconnaît l'existence et la légitimité de ces deux rationalités et si l'on souhaite faire davantage interagir les experts et les citoyens, il conviendra de faire interagir non seulement les hommes, mais les rationalités qu'ils incarnent, et non de leur demander d'adopter tous la « vraie » rationalité, celle des experts.

Retour sur la décision

À ce stade de l'exposé, il semble souhaitable de revenir sur la question de l'aide à la décision et de voir comment formaliser l'ensemble de ce qui précède pour fournir aux décideurs des éléments de choix entre des mesures « douces », visant plutôt à améliorer l'information (mettre en place une vigilance, lancer un programme de recherches ciblées, sensibiliser la population au risque potentiel) et des mesures plus dures, régulatrices, comme des restrictions d'usages pour certaines catégories de consommateurs ou l'interdiction, temporaire ou définitive des produits.

On peut en effet regrouper nos six paramètres en deux catégories :
– celle des variables « aggravantes » comme la sévérité (en termes non seulement de nombres de morts probables mais, comme nous l'avons vu, de sévérité individuelle et de potentiel catastrophique), l'inacceptabilité sociale (qui intégrera les différentes « qualités » du risque analysées par les citoyens) et la plausibilité de ce risque. Des valeurs élevées de ces variables inciteront plutôt à des mesures régulatrices ;
– celle des variables « atténuantes », qui permettent au contraire d'envisager, au moins dans un premier temps, des mesures « informatives » – l'observabilité du risque, sa réductibilité par une recherche ciblée, une réversibilité stable dans le temps.

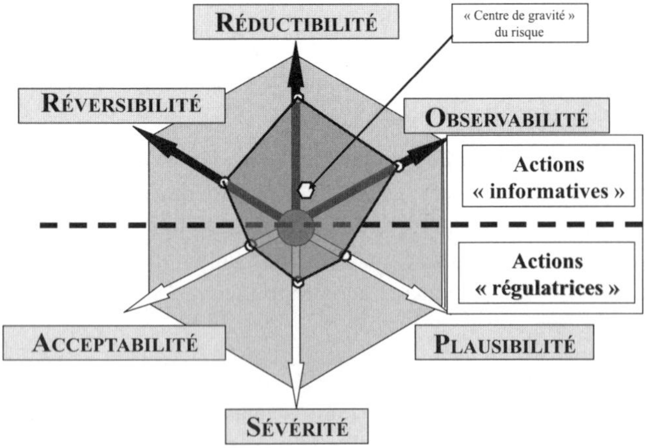

À partir de ces six variables, on peut proposer diverses représentations graphiques, par exemple une « étoile d'aide à la décision », dans laquelle les valeurs des six variables peuvent être positionnées sur des axes, même de manière semi-quantitative (avec par exemple trois classes – faible, moyenne, forte – ou une échelle de 1 à 5) : un risque donné est ainsi représenté par un polygone dont le centre de gravité sera plutôt du côté des décisions « informatives », ou plutôt du côté des décisions « régulatrices ».

On peut, en outre, permettre au décideur de personnaliser sa « logique de décision » en pondérant, si possible de manière stable, les différentes variables : il suffit pour cela de rallonger ou de raccourcir les branches de l'étoile.

Réticence, risque ou dégoût ?

Même si les approches précédentes apportent des éclairages pertinents pour la compréhension de la perception des risques, nous pouvons nous interroger, dans le cas particulier des risques alimentaires, sur la valeur même de la notion de risque pour appréhender les phénomènes d'acceptation ou de non-acceptation de certaines évolutions technologiques. En effet, comme le souligne le sociologue Claude Fischler, l'aliment est la plus intime de nos consommations car il s'incorpore *in fine* à notre propre substance, selon des processus qui conduisent à penser que « l'on devient ce que l'on mange »[28]. Le fait d'accepter ou non de consommer un aliment peut donc résulter d'un jugement implicite sur l'adéquation entre ce que nous sommes (ou souhaitons devenir) et les caractéristiques, matérielles ou symboliques, de cet aliment. Les croyances traditionnelles – depuis les pratiques cannibales jusqu'aux adages comme « les travailleurs de force doivent manger de la viande » –, les pratiques religieuses mais aussi les messages modernes de la publicité (« l'eau neuve de vos cellules ») soulignent l'importance de cette approche de l'aliment et la force de ce « principe d'incorporation »[29].

---

[28] Fischler C., 1990. *L'homnivore*. Odile Jacob, Paris, 448 p.

[29] On trouvera également de beaux exemples dans Poulain J.-P., 2002. *Sociologie de l'alimentation*. PUF, Paris, 176-177.

Les comportements alimentaires sont donc fortement structurés par une opposition entre le « goût » et le « dégoût », qui rejoint assez fortement la séparation entre le « noble » et l'« ignoble », et entre lesquelles il n'existe que peu de statuts incertains : contrairement à l'approche par les risques, qui permet une certaine progressivité, l'approche par les aversions est binaire. Autre différence, même si ces catégories varient fortement d'une culture à l'autre – voir le statut du porc, du chien, du lapin, des grenouilles ou des escargots selon les pays –, elles apparaissent peu flexibles au sein de chaque culture, en particulier dans le sens d'un passage possible du dégoût au goût, comme le montre en particulier les pratiques alimentaires des immigrants. En Grande-Bretagne, expliquer que les escargots et les cuisses de grenouille ne présentent aucun risque sanitaire ne changerait nullement la consommation de ces produits, de même qu'un communiqué de l'Afssa assurant que l'on peut manger les limaces de son jardin parce qu'elles sont sanitairement et nutritionnellement équivalentes aux escargots !

Cette très faible réversibilité de la transition du dégoût au goût conduit à s'interroger sur ce qui peut conduire à la transition inverse, individuelle ou collective, du goût au dégoût. Cette transition peut résulter en particulier de la « pollution » du noble par l'ignoble, par exemple lorsqu'un consommateur apprend que l'on a introduit des résidus de fosse de décantation dans une chaîne de fabrication d'aliments pour animaux. Quelle que soit l'importance quantitative de cette « souillure », quelle que soit son innocuité, cette information crée un sentiment de transgression et d'indignation et conduit à un rejet à la fois immédiat et difficilement réversible. En effet, ce que C. Fischler[30] appelle le « principe de contagion » fait que, lorsque l'ignoble a touché le noble, même de manière immatérielle ou symbolique, ce dernier est définitivement souillé, à moins de recourir à des rites de purification ou d'expiation dont nos sociétés n'ont pas encore expli-

---

30 Voir par exemple le *Bulletin de l'Institut français de la nutrition*, n° 70, novembre 1999.

citement défini les modalités, même si la désignation de boucs émissaires est un procédé traditionnel qui continue à présenter une certaine efficacité.

On peut donc se demander si des transitions de ce type, provoquées par des associations fortuites ou délibérées entre des éléments considérés comme nobles et d'autres considérés comme ignobles, ne constituent pas un facteur majeur de l'évolution des comportements alimentaires. On pourrait par exemple analyser ainsi le « scandale » des vaches carnivores, à savoir l'utilisation de farines animales dans l'alimentation des bovins, pratique que les nutritionnistes avaient considérée, sur un plan strictement technique, comme une bonne solution pour couvrir les besoins d'animaux performants. Dans ce cas, l'apparition tardive d'un problème (la maladie de la vache folle) est souvent présentée comme la sanction – considérée comme légitime – de la transgression. De même, le refus de beaucoup de consommateurs de transiger sur la notion de « non-OGM » et d'accepter un seuil technique de présence fortuite s'explique sans doute beaucoup mieux par le principe de contagion symbolique précédemment évoqué que par l'analyse des risques.

Il est donc important de conserver à l'esprit la possibilité d'autres cadres de lecture, même si la plupart des débats d'aujourd'hui s'expriment en termes de risques. Il est en effet possible que ce mode de « verbalisation sociale » soit utilisé largement parce qu'il est le plus susceptible d'être reçu, notamment parce que les accords de l'OMC ne reconnaissent comme obstacles légitimes au commerce, comme nous l'avons vu, que des arguments portant sur des risques sanitaires ou environnementaux.

Associer les citoyens

Pour réaliser cette implication des citoyens dans l'analyse du risque, différents modes d'organisation ont été proposés et, parfois, mis en œuvre. Nous nous bornerons à en présenter les caractéristiques principales et à donner quelques indications sur leur adéquation avec l'ambition d'une véritable synergie entre experts et citoyens. Nous ne discuterons toutefois pas des questions complexes du mode de désignation des citoyens[31], de leur formation éventuelle et des modalités de débat et de décision au sein de ces organisations.

Des modèles variés

On peut distinguer deux grandes familles de propositions. La première regroupe les options « intégrées », dans lesquelles on regroupe dans la même enceinte des citoyens et des scientifiques. Elles comprend trois options, que nous désignerons par les termes « modèle du témoin », « modèle des citoyens-membres » et « modèle du juge ».

Le **modèle du témoin** est celui qui accorde à des représentants de la société civile le rôle le plus limité. Il se propose d'intégrer un petit nombre de citoyens dans les comités d'experts, pour assister aux débats et attester de leur « bonne tenue » (caractère exhaustif et argumenté du débat, prise en compte des opinions minoritaires, adéquation entre le débat et les conclusions finales...). L'une des variantes possibles de ce modèle serait par exemple de rendre publiques les séances des comités d'experts, sur le modèle des débats parlementaires. Cette première option, dans laquelle les citoyens demeurent extérieurs à l'exercice de l'expertise, est tout à fait compatible avec le modèle standard. Elle permet seulement d'assurer la communication sur le risque « en temps réel » (et non *a posteriori*), ce qui peut effectivement améliorer la qualité de l'information des citoyens.

Le **modèle des « citoyens-membres »** associe des représentants de la société civile comme membres à part entière des comités d'experts[32]. Ils peuvent alors participer au débat, faire valoir leurs points de vue et mettre notamment en lumière les caracté-

---

[31] Des procédures de consultation directe de l'ensemble des citoyens sont bien sûr possibles, comme la récente votation suisse sur les biotechnologies. Elles semblent cependant difficiles à utiliser systématiquement, même avec les moyens modernes de communication.

[32] Leurs avis peuvent être consultatifs ou délibératifs mais nous ne discuterons pas ce point.

ristiques qualitatives du risque qui leur semblent déterminantes. Ils peuvent également jouer un rôle actif dans un inventaire aussi exhaustif que possible des aléas, en obligeant à considérer des phénomènes qui ne seraient pas forcément qualifiés de dangers par les experts. Ce modèle des citoyens-membres est notamment celui qui a été mis en place en France en 1992 pour l'évaluation des OGM : la CGB[33] comprend en effet plusieurs représentants de la société civile (représentants des consommateurs, des associations de protection de l'environnement, des parlementaires...) qui disposent d'une voix délibérative.

L'intérêt d'un tel modèle est l'objet d'opinions contrastées, selon notamment que l'on en a une vision externe ou interne[34]. Vu de l'extérieur, il est considéré comme manquant de transparence et conduisant à un mélange des genres, avec en particulier le risque de « normalisation » des représentants des citoyens. En effet, de manière assez inévitable, les experts cherchent surtout à faire appel aux connaissances des représentants de la société civile pour les aider dans leur travail d'expertise, d'autant plus que ces représentants ont souvent une formation leur conférant une compétence dans le domaine concerné. D'où le risque de les voir devenir progressivement des experts « comme les autres ». Une autre critique porte sur la différence de « niveau d'intervention pertinent » possible pour les experts et pour les représentants de la société civile. Les premiers auront un « degré de résolution » très fin, adapté à une analyse critique au cas par cas de dossiers apparemment semblables pour des profanes. Les seconds ont au contraire à apporter des visions plus globales sur des questions générales qui pourraient donc être examinées, *a*

---

[33] La Commission du génie biomoléculaire examine l'ensemble des demandes de dissémination d'OGM à des fins d'expérimentation ou de mise sur le marché (micro-organismes, plantes et animaux pour des applications agricoles, agro-alimentaires, biomédicales ou environnementales).

[34] Voir par exemple Roy A., 2001. *Les experts face au risque : le cas des plantes transgéniques*. Collection « Partage du savoir », Le Monde-PUF, Paris, et Conseil national de l'alimentation. Concertation et débat public en matière de politique alimentaire : enjeux et aspects méthodologiques. Avis n° 29, DGAL, Paris.

priori ou *a posteriori*, pour un ensemble de dossiers évalués par les experts (par exemple l'utilisation de gènes de résistance aux antibiotiques ou la production de plantes résistantes à des herbicides totaux). D'où la difficulté à faire simplement cohabiter ces deux approches au sein d'une même instance et à organiser une véritable dialectique entre ces deux visions.

Ceux qui pratiquent ces comités, tout en admettant les critiques précédentes, apprécient en particulier l'élargissement du point de vue apporté par cette composition diversifiée. Cet apport, rarement souligné, des représentants de la société civile, à savoir jouer un rôle initial parfois décisif dans l'identification même des questions à examiner, mérite à notre avis d'être pris en compte dans tout dispositif d'expertise. C'est la notion de « donneur d'alerte », bien identifiée par les sociologues[35].

Le **troisième modèle**, défendu en particulier par Philippe Roqueplo[36], **organise une expertise contradictoire** sur le modèle du système judiciaire. Des experts sont amenés à défendre des thèses opposées devant un « jury » constitué de représentants de la société civile, jury qui sera chargé *in fine* d'établir un texte de conclusions sur l'évaluation du risque et les mesures éventuelles de gestion appropriées. Cette formule a été testée en Europe (en particulier au Danemark et plus récemment en Grande-Bretagne et en France) à travers les « conférences de consensus » sur les OGM. Intéressante de manière ponctuelle pour lancer ou conclure un débat important, cette formule est sans doute difficile à organiser pour un travail en continu. Elle obligerait en outre à une certaine « rigidification » du travail d'expertise : les scientifiques n'ont en effet, dans leur grande majorité, pas coutume de tenir des propos aussi tranchés qu'un procureur ou qu'un avocat et préfèrent alterner dans leurs analyses des éléments positifs et négatifs avant de proposer leurs conclusions. En outre, une telle

---

[35] Gilbert C., 1998. Le sens caché des risques collectifs. *La Recherche*, 307, 110-113.

[36] Roqueplo P., 1997. *Entre savoir et décision, l'expertise scientifique*. Collection « Sciences en questions », Inra Éditions, Versailles, 112 p.

démarche maintient les citoyens relativement à l'extérieur du processus d'expertise, même si le jury peut stimuler le débat sur des points qui lui semblent importants. La position des experts est également difficile : étant en quelque sorte en situation d'être globalement jugés, ils peuvent développer des attitudes corporatistes peu compatibles avec un débat ouvert et équilibré avec les citoyens. À ce titre, le modèle du citoyen-juge est peut-être plus proche du modèle standard et de sa conception sur la communication du risque que du modèle constructiviste.

La seconde famille de propositions considère que le mélange entre experts et citoyens engendre un certain nombre de problèmes et qu'il vaut donc mieux les séparer. Le modèle de base est celui du « deuxième cercle », qui a été proposé notamment par le rapport de Philippe Kourilsky et Geneviève Viney sur le principe de précaution[37]. Considérant que « la séparation des deux cercles correspond au fait qu'il existe deux catégories d'impératifs distincts mettant en jeu des acteurs différents. Il a maintes fois été observé que leur réunion nuisait à la réalisation des objectifs poursuivis », ils proposent d'organiser l'expertise autour de deux groupes (cercles) distincts :
– le premier est celui de comités d'experts scientifiques et techniques, travaillant pour l'essentiel selon le modèle standard et évaluant les risques, mais en incluant les risques potentiels non-avérés, susceptibles de conduire à l'application du principe de précaution ;
– le second cercle est constitué par un groupe de représentants de la société civile, chargé d'examiner les conclusions du premier groupe. Il comprend également des économistes et quelques représentants du premier cercle. C'est dans ce second groupe que seraient réalisés l'examen des bénéfices éventuels et donc des rapports coûts/avantages, ainsi que la discussion sur les différents scénarios possibles d'application du principe de précaution.

---

[37] Kourilsky P. et Viney G., 2000. *Le principe de précaution*. Odile Jacob, Paris.

Ces deux groupes seraient bien sûr amenés à interagir, le second pouvant renvoyer au premier un certain nombre de questions pour examen complémentaire. Ce sont les conclusions des deux cercles, cohérentes ou contradictoires, qui seraient transmises aux décideurs. Cette formalisation du dialogue entre experts et société civile présente l'avantage de bien identifier les rôles de chacun. Elle permet aussi, à l'échelle internationale, de favoriser la reconnaissance mutuelle des analyses réalisées au sein du premier cercle, dont l'organisation serait assez comparable dans les différents pays. Cependant, son caractère formel et les inévitables effets d'identification à un groupe peuvent constituer un frein à l'élaboration progressive d'une véritable « culture commune » de l'évaluation du risque. Elle peut aussi parfois produire des messages contradictoires, suscitant dans l'opinion publique une certaine perplexité et faisant peser un soupçon d'arbitraire sur les décisions finales, quelles qu'elles soient (à moins d'instaurer une prééminence finale de l'un des deux cercles, comme dans les systèmes parlementaires). Le gain théorique de crédibilité et de clarté apporté par ce modèle, par rapport à celui du citoyen-membre, risque donc dans la pratique d'en être amoindri.

Ce modèle, qui n'a pas, à notre connaissance, fait encore l'objet d'essais concrets, mériterait maintenant d'être expérimenté dans quelques situations pour mieux en définir les avantages et les limites. Il a en outre donné lieu a un certain nombre de variantes que nous évoquerons rapidement :

La première est la variante des « super-experts ». Certains estiment que si les experts dans un pays ne sont pas crus, c'est parce que ce ne sont pas les meilleurs ; il faut donc des super-experts au niveau international. On aboutit à un modèle dans lequel un cercle international de super-experts « irriguerait » de ses avis des instances, éventuellement plus nationales, qui débattraient des autres composantes (bénéfices, acceptabilité, etc.). C'est, en étant un peu caricatural, ce qu'on pourrait lire entre les lignes de certaines propositions prônant une autorité européenne unique remplaçant les agences nationales d'expertise.

Une autre analyse, détaillée en particulier par Olivier Godard[38], fait passer l'organisation de deux à quatre cercles. La distinction que nous avons évoquée entre le risque asymptotique et le risque réel conduit à scinder le premier cercle des experts en deux sous-groupes, qui étudient respectivement les risques intrinsèques de l'objet, et ceux liés à la manière dont il sera utilisé. Je prendrai un exemple survenu à l'Afssa où, à tort ou à raison, nous, Français, avons dit en 1998 qu'il ne fallait pas lever l'embargo sur la viande britannique. Les Britanniques demandaient qu'au moins leurs camions puissent traverser la France pour livrer la viande anglaise vers des pays qui l'acceptaient. Les experts biologistes ne voyaient pas d'objection à ce qu'un camion, s'il était fermé, traverse le territoire. Or, quelqu'un, qui n'était justement pas un biologiste, a signalé un problème : l'impossibilité de contrôler ces transits dans la mesure où l'on ne dispose pas de la copie des plombages apposés sur les camions. Il y a là un niveau d'expertise sur le fonctionnement des systèmes qui devrait être éventuellement séparé. Olivier Godard introduit également une seconde distinction entre deux types d'expertise : l'analyse coût/bénéfice (confiée à des experts des sciences économiques) et l'examen de l'acceptabilité. Il apparaît en effet pour le moins étrange de considérer que les sciences biologiques relèvent du premier cercle alors que les sciences socio-économiques sont assimilées à la représentation sociétale ou aux intérêts économiques et insérées de ce fait dans le second cercle. On aboutit ainsi à un système qui comporte non plus deux cercles, mais potentiellement quatre, éventuellement en interaction.

Pour terminer cet inventaire des propositions, signalons l'analyse très « orthogonale » de Bruno Latour[39], qui propose d'articuler une « nouvelle séparation des pouvoirs » en deux niveaux, celui de « prise en compte » et celui d'« ordonnancement ». Ces deux niveaux seraient hybrides et mélangeraient donc experts et citoyens, en évitant la distinction traditionnelle – et selon lui

---

[38] Godard O., 2001. Risque théorique et risque réel. *La Recherche*, 339, 86 p.

[39] Latour B., 1999. *Politiques de la nature. Comment faire entrer les sciences en démocratie*. La Découverte, Paris, 383 p.

inadaptée – entre des « faits », qu'apporteraient des experts, et des « valeurs », que préconiseraient les citoyens.

Le premier niveau, qualifié de « chambre haute », serait chargé de recenser et de documenter l'ensemble des éléments à considérer. Il aurait donc un « pouvoir de prise en compte » de « propositions », qui sont le plus souvent des mélanges complexes et inextricables de faits et de valeurs. Le changement climatique, la déforestation des zones tropicales, la protection d'une rivière, la conservation ou la réintroduction d'une espèce sont des exemples concrets de telles « propositions », nécessairement apportées et défendues par des acteurs sociaux et impliquant donc une association étroite d'« humain » et de « non-humain ».

Le second niveau, la « chambre basse », aurait la responsabilité de hiérarchiser et de retenir certaines des « propositions » identifiées par la chambre haute, les propositions non-retenues pouvant être ultérieurement réexaminées.

On voit donc que l'articulation proposée est radicalement différente de la séparation prônée par les modèles en deux cercles, séparant implicitement le monde des faits (le premier cercle) de celui des valeurs (le second cercle).

Les questions préalables

Je ne détaillerai pas davantage ces différentes organisations du dialogue entre citoyens et experts car il me semble que, pour examiner la pertinence de ces diverses options, il faut répondre préalablement à plusieurs questions sur les attentes que l'on a vis-à-vis de ces instances et sur le rôle que l'on veut leur faire jouer. J'évoquerai particulièrement trois de ces questions.

La première est : peut-on instrumentaliser le débat social ? Dans le cadre d'un programme européen, des chercheurs de l'Inra ont participé à un travail[40] visant à comparer la manière dont, dans

---

[40] Joly P.-B., Assouline G., 2001. *Assessing Public Debate and Participation in Technology Assessment in Europe*. Adapta Project, European Commission Contract n° Bio 4 - CT 98 0318, Final Report, Grenoble, Inra/Qap Decision, [en ligne] disponible sur http://www.inra.fr/Internet/Directions/SED/science-gouvernance/ (consulté le 28/02/07).

différents pays, les conférences de consensus ou les conférences de citoyens s'insèrent dans un débat social en cours et permettent ou non de le faire évoluer, voire de le clôturer. On se rend compte que ce n'est pas si simple : la création d'une « mini-société », réduite à la fois dans le temps et dans l'espace – et qui rappelle la règle des trois unités du théâtre classique – pour représenter un débat social plus complexe, peut très bien ne pas être considérée comme légitime par tout ou partie de la société, soit en termes de représentativité, soit parce qu'elle intervient à un moment jugé inadéquat et qu'elle apparaît alors comme une tentative de « confisquer le débat ». Elle peut en outre fournir une représentation biaisée de ce débat, notamment parce que le principe d'un tirage au sort d'individus indépendants est très différent du mode de mobilisation qui s'opère dans la société réelle autour d'un enjeu important. Une telle mobilisation repose en effet, au moins dans ses phases précoces, sur des individus particulièrement « concernés », non-représentatifs au sens statistique du terme mais que la société considère comme porteurs légitimes de ses préoccupations ; en outre, elle n'oppose pas des individus isolés mais passe généralement par des organisations préexistantes ou par la constitution de collectifs *ad hoc*, qui élaborent des positions et les confrontent. On doit donc s'interroger fortement, en particulier dans des pays grands et diversifiés comme le nôtre, sur la double question de la représentativité de ces instances : donneront-elles une image représentative du débat réel, et cette image sera-t-elle considérée comme telle par la société ?

Pour la deuxième question, je reprendrai la formule du sociologue Alexis Roy[41] : « Veut-on un marché des représentations ou un espace de délibérations ? » Qu'entend-il par là ? Si l'on crée un endroit où chacun, représentant tel ou tel enjeu ou groupe, vient exposer ses positions – ce qu'il appelle le marché des représentations –, et en particulier si cela a un caractère public, on répond à une exigence de transparence et l'on permet à la

---

[41] Roy A., 2001. *Les experts face au risque : le cas des plantes transgéniques*. Collection « Partage du savoir », Le Monde-PUF, Paris.

société de percevoir la diversité des points de vue. Toutefois, ce caractère public crée une certaine rigidité des positions et est peu propice à un travail d'échange, de convergence et de formation de consensus. Je hasarderais l'idée qu'entre transparence et convergence, il faut peut-être choisir. On sait très bien que dans les grandes négociations internationales, les convergences ne se forment pas dans la transparence. La différence entre ce qui se passe dans les couloirs de l'Assemblée nationale et les séances télévisées du mercredi en donne une autre illustration. C'est donc un vrai problème dans les comités d'experts : obliger des comités d'experts à siéger publiquement – ce qui serait une vision naïve de la transparence – peut être contre-productif par rapport à la qualité des réflexions et des discussions qu'ils pourraient avoir. En outre, le caractère public de certaines assemblées tient au fait qu'elles sont constituées de représentants élus, pour lesquels les citoyens doivent pouvoir évaluer l'adéquation entre leur discours et le mandat qui leur a été confié. Ce n'est pas le cas pour les experts, qui siègent à titre personnel et dont le mandat est de représenter au mieux leur domaine de compétence.

Troisième question : qu'est-ce que rendre un avis ? Olivier Godard, dans son analyse de la crise de la vache folle[42], a fort bien analysé à propos de l'Afssa ce qu'il appelle la dérive normative : lorsque des experts, après avoir examiné et critiqué toutes les informations dont ils disposaient, concluent par « nous donnons un avis favorable (ou défavorable) », n'édictent-ils pas une norme ? N'introduisent-ils pas, par rapport à une variable continue, à un espace de décision multidimensionnel, une discontinuité en grande partie arbitraire et, si oui, sur quels fondements ? Dans cette fixation implicite de la norme, ne vont-ils pas trop loin ? J'ai utilisé pour évoquer cette question l'expression « un petit pas pour les experts, un grand pas pour la technocratie », parce que quand on a débattu pendant des heures et des heures dans un comité d'experts, la décision de donner un avis favorable ou défavorable se prend souvent dans les dernières minutes, en re-

[42] Godard O., 2001. Embargo or not embargo ? *La Recherche*, 339, 50-55.

courant parfois au vote, ce qui n'est d'ailleurs pas sans poser problème sur le plan épistémologique, en particulier parce que cette procédure suppose implicitement qu'une opinion scientifique minoritaire a, de ce seul fait, une moindre valeur. On a donc le sentiment d'achever un processus « continu » en émettant cet avis mais, en réalité, on opère une transition dans un autre registre, que l'on peut considérer comme étant du ressort des responsables politiques.

Il me semble donc que, avant d'examiner les structures à mettre en place, d'opter pour un, deux ou trois cercles, il est nécessaire d'affiner l'analyse fonctionnelle et de préciser ce que l'on attend de ces structures et de leur rôle dans le processus global d'analyse du risque au sens large où je l'ai défini en introduction, à savoir l'ensemble des processus qui vont de la perception d'un risque potentiel et du lancement d'un signal d'alerte par un membre de la société, jusqu'à la mise en œuvre, parfois longtemps après, de mesures appropriées pour cette société.

Conclusion

Nous arrivons à la fin de cette visite du monde des experts et de leurs pratiques. Ce que j'ai voulu vous montrer, c'est que l'on allait passer progressivement d'une approche monodimensionnelle de l'analyse de risque (un risque = un impact x une probabilité), à une situation dans laquelle les experts auront à alimenter une sorte de « rose des vents » de l'expertise, c'est-à-dire à fournir des éléments de décision sur toute une série de points. Ils auront en effet à :

– continuer à évaluer la sévérité du risque, bien sûr ;
– évaluer aussi l'incertitude, qu'il faudra apprendre à qualifier dans chaque situation ;
– entrer dans des modèles d'analyse systémique, c'est-à-dire être capable de reconnaître l'existence et d'identifier la nature des risques émergents liés à l'utilisation conjointe des produits ;
– aborder les questions d'acceptabilité, en reconnaissant que les gens pour lesquels ils évaluent les risques ont leur mot à dire et leur propre perception et qu'il va falloir travailler avec eux ;

– intégrer des éléments d'analyse coût/bénéfice, c'est-à-dire être capables d'analyser des risques, mais aussi d'examiner avec la même rigueur des bénéfices éventuels.

Toutes ces nouvelles dimensions représentent globalement une transition entre le paradigme « moderne » ou « positiviste » et un paradigme qu'on peut appeler « postmoderne » ou « constructiviste ». Les différences sont nombreuses. On passe d'un système basé uniquement sur les faits établis à la prise en compte des risques plausibles, donc de l'incertitude ; d'une évaluation gérée par les seuls experts à sa co-gestion par des experts et des citoyens ; de risques réduits à des quantités à la prise en compte aussi de leurs qualités ; de risques purement techniques à l'observation de systèmes hybrides, c'est-à-dire des risques techniques et humains ; d'une évaluation limitée au risque à une analyse du rapport coût/bénéfice ; d'une communication *a posteriori*, destinée à faire connaître aux citoyens les « vrais » risques, à des échanges d'informations ; d'une absence de suivi une fois que le produit est autorisé à la vente à un couplage systématique de la vigilance avec le processus d'évaluation.

Cependant, quel que soit son intérêt, ce paradigme constructiviste ne doit pas être présenté comme le terme d'une alternative globale : une multitude de formules hybrides, incorporant des éléments de l'un ou l'autre paradigme, sont possibles et devront être adaptées aux situations concrètes. Ce qui nous semble important, c'est d'être capable de flexibilité, d'avoir une intelligence de la situation et de percevoir en quoi il convient, pour un risque et une société donnée à un moment de son histoire, de faire évoluer de manière appropriée le dispositif d'analyse du risque, pour passer au bon moment de ce que Pierre-Benoît Joly[43] a appelé le « petit monde » des spécialistes à des formes plus ouvertes d'expertise.

En effet, même si j'ai surtout insisté dans cette conférence sur l'évaluation du risque et le rôle des experts, je considère qu'il faut garder sans cesse une vision globale et systémique du dispo-

---

[43] Joly P.-B. (dir.), 2000. *L'innovation controversée : le débat public sur les OGM en France*. Inra, Paris.

sitif d'analyse des risques : il ne sert à rien d'optimiser l'une de ses composantes si les interactions avec les autres composantes ne fonctionnent pas correctement et conduisent à une mauvaise efficacité finale du dispositif.

Discussion

Question *– La vigilance que vous proposez est souvent vue comme un facteur d'inquiétude supplémentaire pour le consommateur. Elle est perçue, pour cette raison, d'une façon très négative.*

B. Chevassus – Je l'ai dit, la mise en place d'une vigilance signifie implicitement qu'on réassocie le citoyen à l'analyse de risque, qu'on s'engage de fait dans un début de « syncrétisme » entre les deux paradigmes que j'ai présentés et qu'on abandonne donc le mythe moderne (les experts, par la science et *a priori*, vont protéger la société de tout risque). Cette évolution suscite effectivement un certain nombre de réactions vives. J'ai lu récemment – je ne sais plus où – la phrase suivante : « La science, dans son délire de progrès, finit par transformer l'ensemble de l'humanité en cobaye. » Les scientifiques sont accusés de vouloir continuer à avancer alors qu'ils ne sont même pas sûrs de leurs productions, et donc de mettre pour cela en place la vigilance, c'est-à-dire transformer la planète en gigantesque laboratoire, mettre l'humanité en éprouvette. Il ne faut donc pas introduire la vigilance sur des arguments bas de gamme du type « c'est juste pour voir ». La vigilance a des implications conceptuelles fortes : on ne peut effectivement pas la mettre en place et continuer de refuser d'associer la société à l'analyse de risque. Il est vrai que c'est difficile à gérer, mais il s'agit d'un vrai choix, qu'il faut faire si l'on pense que le potentiel d'une innovation est réel. On en a l'habitude dans le cas du médicament, pour lequel existe une pharmacovigilance qui aboutit régulièrement au retrait du marché de médicaments ou d'appareils de traitement parce qu'on s'est rendu compte que des effets secondaires qui n'avaient pas été évalués modifiaient la balance coût/bénéfice. Dans les autres domaines, il est vrai qu'instaurer la vigilance revient implicitement à reconnaître l'existence de dangers potentiels, et suscite la question : « A-t-on vraiment besoin de cela ? »

Question – *Du temps où il n'y avait pas d'experts, la société procédait bien par vigilance.*

B. Chevassus – Avant la transition moderne, il existait effectivement une appropriation du risque par l'expérience, qui était le système empirique d'analyse de risque. À partir du moment où la transition moderne a révélé ses limites, on réincorpore un système un peu hybride dans lequel on demande aux citoyens de participer au système, y compris dans la fonction de donneurs d'alerte au début de la phase d'analyse de risque.

Question – *On peut se demander si l'expertise n'est pas actuellement considérée comme un nouvel espace de légitimité pour les organismes de recherche publics. D'où deux interrogations sur lesquelles j'aimerais avoir votre avis : une évolution du poids relatif de l'expertise ne comporte-t-elle pas un éventuel risque d'orientation de la recherche ? N'existe-t-il pas aussi un risque de responsabilisation accru des organismes ?*

B. Chevassus – Une remarque : vous voyez à nouveau que, lorsque vous parlez de « risque d'orientation de la recherche », le terme « risque » est utilisé dans le sens que je définissais au départ, c'est-à-dire une évolution jugée négative.
Cette fameuse « rose des vents » de la recherche se fait en permanence tirer par l'un de ses pétales, considéré comme le plus « légitime » : tantôt l'académique (c'est-à-dire la production de connaissances), tantôt l'économique (la contribution au développement des entreprises), tantôt le pétale « enseignement » (la participation à la formation et à l'enseignement supérieur, voire à l'expertise)... Chacun passe par des hauts et des bas, et je pense avoir, en quinze ans, observé des excroissances de tous les pétales. Mais il ne faut jamais oublier qu'au centre de la rose des vents se trouve la recherche elle-même, et ce n'est que parce que cette recherche fonctionne bien que l'on peut se dispenser d'examiner ses relations avec les différentes finalités, qui ne doivent pas être considérées comme des « risques » mais comme des opportunités d'illustrer sa pertinence. C'est pour-

quoi j'essaie effectivement de promouvoir un développement du pétale qui relie la recherche à l'expertise parce que, de plus en plus, l'expertise consomme de la science « chaude ». La conception était autrefois que les experts pouvaient s'appuyer sur des données scientifiques bien établies, disponibles dans les bibliothèques, sur de la science bien refroidie et déjà mise en œuvre. Aujourd'hui, l'expertise a besoin de consommer de la science en train de se faire, ne serait-ce que parce qu'on lui demande d'exposer et de caractériser l'incertitude.
En revanche, je crois qu'il faut se méfier des hommes-orchestres : essayer de tout faire peut conduire à des contradictions entre ces différents métiers. Il y a donc peut-être des choix à faire, aussi bien individuellement que collectivement. Mais tirer vers l'expertise ne signifie pas que les contributions de la recherche aux quatre autres branches de la rose des vents ne sont pas légitimes aussi.

Question – *Dans votre analyse, vous n'avez pas tellement parlé du prince et des pouvoirs. Or il me semble que c'est dans le cadre des reconfigurations de pouvoir, de rapports de force, des effets de stratégies, qu'il se passe des choses en matière d'évolution des modèles.*

B. Chevassus – Je vous invite à jouer vous-mêmes à l'échiquier de Machiavel. Le problème du prince est que dans les quatre angles se tiennent des gens qui voudraient être à sa place. Le prince doit en permanence tenir compte du fait que le pouvoir attire, qu'il existe un jeu de quatre coins « à l'envers » dont le but est d'arriver au centre. J'ai volontairement réduit mon propos car pour considérer les interactions de l'ensemble du jeu, il faut faire entrer le chroniqueur, par rapport auquel le prince va avoir à se positionner, et le judiciaire. Or je vous l'ai dit, de manière très pragmatique, je n'ai pas suffisamment exploré ces autres dimensions pour en parler. À vous d'inviter d'autres joueurs de l'échiquier pour essayer, soit séparément, soit ensemble, d'affiner l'analyse.

Seconde raison pour ne pas répondre, que je rappelle souvent en tant que membre de l'Afssa. Le législateur, dans sa grande sagesse, a décidé de séparer évaluation et gestion du risque. Nous verrions donc d'un très mauvais œil un gestionnaire commenter un avis de l'Afssa sur le plan de la qualité de l'évaluation, considérant que c'est notre métier. Mais réciproquement, je ne commenterai jamais une décision de gestion. L'indépendance est réciproque ou elle n'est pas. Le législateur a voulu l'indépendance, alors jouons-la de part et d'autre. Chacun fait son métier, sans commenter la manière dont l'autre fait le sien. Si on était dans un système intégré, ce serait différent.

Question *– Il me semble que vous situez l'expertise résolument du côté des scientifiques. Or on observe, ces dernières années, l'apparition de pôles d'expertise assez variés, autour par exemple des sites industriels, dans les milieux associatifs. On voit émerger là des discours raisonnables, auxquels on accorde un certain crédit, et qui de plus en plus viennent compléter la scène de la décision. Le jeu est en train de se complexifier et vous ne semblez pas l'évoquer.*

B. Chevassus – J'ai été un peu rapide sur le volet « affiner l'analyse fonctionnelle », parce que les schémas que j'ai utilisés ne considèrent que deux catégories d'acteurs : les experts et les citoyens. Si on se pose la question : « Quelles sont les informations que l'on veut recueillir, qui pourra les porter et les représenter ? », on se rend compte que cela devient beaucoup plus compliqué, et pose en particulier la question de la représentativité. En première analyse, on peut supposer qu'on ne demande à un expert scientifique au sens strict que de représenter lui-même et son capital de connaissances. Si au contraire la loi dit qu'un représentant des consommateurs doit figurer dans un comité, la mise en œuvre suppose plusieurs « réductions » : premièrement, le passage du citoyen au consommateur, deuxièmement le passage de « représentant des consommateurs » à « membre d'une association agréée de consommateurs », et enfin le choix de ce représentant, qui est censé représenter quelque chose. Et effectivement, que va-t-il apporter ? Lui demande-t-on seulement d'incarner la dimension « qualité du risque », ou bien sera-t-il lui-même source d'expertise ? Ainsi, les associations de consommateurs ont désigné à la CGB une personne titulaire d'un doctorat en sciences alimentaires, et le représentant des associations de l'environnement est un professeur d'écologie à l'Université. Il est évident qu'on utilise largement cette ambivalence, mais qu'elle n'est pas sans poser problème. On peut dire qu'on a « instrumentalisé » des personnes chargées d'un certain mandat pour les faire contribuer à un autre processus. Je suis d'accord : il faut raffiner beaucoup l'analyse, et la question « Qui met-on autour de la table, pour représenter quoi, et à quel moment ? » est beaucoup plus compliquée que dans les systèmes binaires que j'ai présentés.

Question – *Ce que vous dites de l'expertise n'est-il pas transposable à la recherche ? Ne doit-on pas passer d'un modèle positiviste ou moderne à un modèle constructiviste ? Le développement de l'expertise n'implique-t-il pas le même mouvement au niveau de la recherche ou de la politique scientifique ?*

B. Chevassus – Vous m'entraînez vers un sujet difficile. Les critiques vis-à-vis de la connaissance sont un peu comme les rivières : elles font de l'érosion régressive. Si on les laisse se développer sans y répondre, elles remonteront jusqu'à la source de la rose des vents. Si on est mécontent des produits, on commence par se plaindre des produits, puis on se plaint du producteur. On voit effectivement se développer actuellement une critique de la science, donc de la connaissance elle-même, considérée comme la source initiale d'un certain nombre de maux qui en découleraient de manière plus ou moins logique. Or je crois profondément qu'il faut préserver une certaine autonomie du moteur central. La production de connaissances originales obéit à une mécanique qui ne se nourrit pas tant que cela de rationalité et de regards publics ; elle se fait dans une multitude de petites échoppes où l'idée est rare, où l'échange des points de vue est une alchimie complexe. Elle suppose de préserver parfois des itinéraires solitaires, d'explorer des hypothèses qui peuvent sembler farfelues. Si l'on ne fait pas percevoir à l'ensemble des clients de la rose des vents que ce moteur central doit disposer effectivement d'un certain espace de liberté et d'autonomie, on commencera à parler du contrôle social de la science – idée que je n'aime pas du tout –, et non plus du contrôle social de ses utilisations. Mais si l'on ne veut pas que les critiques remontent jusqu'à être destructrices, il faut vraiment que les produits, et pas uniquement l'expertise, puissent illustrer le fait que la manière dont fonctionne le moteur au centre est effectivement la source de choses appréciées par la société. Je ne pense pas que la solution soit d'intérioriser les critiques au cœur même du vécu de la science en train de se faire.

Question – *Vous situez le prince au centre de l'échiquier. N'est-il pas un acteur comme les autres ?*

B. Chevassus – Si j'ai placé le prince au centre de l'échiquier, c'est justement pour faire valoir que le « faiseur de décisions » (j'aime bien le terme anglais de « *decision maker* ») a, de tous temps, construit sa décision par rapport au champ des quatre angles. J'admets qu'actuellement on assiste à un certain repositionnement du prince, qui voit peut-être différemment les experts, les juges, les médias et les citoyens. Mais je n'adhère pas tellement à l'idée qu'il y aurait une désaffection vis-à-vis de l'expertise, un risque de retour à l'arbitraire du prince : je suis bien placé pour savoir qu'au contraire, on en demande de plus en plus aux experts. Il y aurait donc à la fois une prise de distance et une demande de plus en plus forte d'en dire plus sur ce qu'on sait. Je ne le vis donc pas du tout comme ceux qui estiment que le principe de précaution est une manière pour le prince de reprendre des capacités d'arbitraire par rapport à l'expertise.

Question – *Selon vous, que reste-t-il du principe de précaution ?*

B. Chevassus – Il reste ce que j'ai essayé d'expliquer sur la manière de parler désormais de l'incertitude dans des termes permettant aux décideurs d'utiliser cette information. Il reste une demande de mettre maintenant sur le devant de la scène des choses qui jusqu'à présent restaient dans le secret des débats scientifiques – non parce qu'on voulait les cacher, mais parce que l'on considérait qu'il s'agissait de problèmes d'arrière-cuisine. Auparavant, on demandait aux experts de servir des produits finis, comme on demande, au restaurant, à voir arriver une assiette bien servie sans chercher à voir en cuisine comment elle a été préparée. Or le décideur, apostrophé par les critiques dont j'ai fait état, demande maintenant à aller plus loin et à savoir à quoi ressemble l'arrière-cuisine. On retombe là sur la question normative : que décide-t-on de lui mettre sur la table comme éléments encore chauds mais déjà suffisamment émergents pour devoir être pris en compte d'une manière ou d'une autre ? Si l'eau avait une mémoire, les conséquences en termes de gestion du risque sanitaire seraient évidemment effroyables ; mais c'est un exemple facile et on dit au décideur de ne pas s'en occuper. Du principe de précaution, il reste donc une nouvelle éthique – je n'aime pas tellement le mot –, ou plutôt une nouvelle pratique de l'expertise qui consiste à formuler les incertitudes dans des termes qui permettent ensuite au décideur de s'articuler.

Question – *Dans votre exposé, vous avez associé l'inversion de la charge de la preuve à la conception radicale du principe de précaution : l'inversion de la charge de la preuve serait qu'il faut prouver l'innocuité d'une innovation. Ne peut-il pas aussi exister une définition de l'inversion de la charge de la preuve dans une version pondérée, où elle signifierait que ceux qui craignent un danger ont un droit à la contre-expertise qu'ils ne doivent pas financer nécessairement eux-mêmes ? Ce serait aussi une inversion de la charge de la preuve par rapport à la législation actuelle.*

B. Chevassus – J'irais jusqu'à concéder ce que j'appelle le « nécessaire agnosticisme » des experts. Face à l'objet, et en particulier à l'innovation, ils doivent être d'une totale neutralité, et ne pas rentrer dans la logique « c'est nouveau, donc cela doit être intéressant ». C'est un problème dans le passage de la recherche à l'expertise, car il se crée une déformation dans la recherche qui fait que la nouveauté est vécue comme « mieux ». De même qu'à une époque – c'est de moins en moins vrai –, la publicité mettait en avant le caractère « nouveau » des produits, car « nouveau » avait une valeur positive. Il faut donc certainement cultiver l'apathie « c'est nouveau, d'accord, mais je n'ai pas de position ». Il s'agit d'une position intermédiaire entre le « présumé innocent », qui implique une certaine sympathie *a priori*, et l'hypothèse du « présumé coupable ». C'est certainement cette position qu'il faut adopter : la nouveauté ne doit induire aucun capital de confiance initial.

Cela signifie, pour répondre plus précisément à votre question, que les experts doivent pouvoir instruire à charge et à décharge. La question de savoir si ces deux instructions doivent être dissociées ou non rejoint la question que j'ai évoquée de l'expertise contradictoire et du modèle proposé par Philippe Roqueplo.

Question – *Vous avez parlé des cas d'incertitude conflictuelle. Comment peut-on gérer les situations où les connaissances apportées par différents scientifiques d'un même organisme seraient contradictoires ? Ce conflit peut-il coexister au sein d'un organisme, ou bien un organisme donné doit-il adopter une position consensuelle ?*

B. Chevassus – Tout dépend si l'organisme a une responsabilité institutionnelle ou non. Je distinguerai donc le cas d'une agence comme l'Afssa, dont l'expertise est la mission, et celui d'un organisme de recherche comme le CNRS, l'Inra ou l'Inserm, qui fournissent des experts à cette agence. Dans le premier cas, il est clair que l'organisme doit fournir une expertise « institutionnelle » dont tous les membres doivent se sentir solidaires. Dans le second cas, je ne vois pas l'intérêt d'une « normalisation » des experts fournis par un organisme donné, qui serait obligé d'assurer la responsabilité et l'homogénéité des propos tenus par « ses » experts. Leur désaccord éventuel dans un comité me semble plutôt un élément positif pour la dynamique du débat.

Une question me semble plus difficile : celle des avis minoritaires contradictoires. J'y ai fait allusion à propos des contradictions éventuelles entre formation d'un consensus, délibération et transparence. Dès lors qu'un certain nombre de règlements ont donné droit à la formulation d'avis contradictoires – dans le cas de la CGB, c'est la loi elle-même qui autorise un membre à faire publier un tel avis –, un risque non-négligeable existe de lever le pied par rapport à ce que serait la démarche difficile de formation progressive d'une convergence. Si on demande à un comité d'experts de prendre le temps de discussion nécessaire mais de ne rendre publique que sa convergence (la question des divergences restant interne), on force un processus dont le produit final sera peut-être plus élaboré que si on ne lui demande que de donner la diversité des opinions présentes en son sein. Au Moyen-Âge, quand on voulait élire un pape, on enfermait les évêques dans une église ; la première semaine, ils recevaient du vin, du pain et de l'eau, la deuxième semaine seulement du pain et de l'eau, et la troisième semaine ils n'avaient plus que de l'eau. La fumée blanche finissait par sortir. C'était un processus puissant de convergence vers un consensus. Je pense que la théâtralisation à travers la volonté de transparence peut faire perdre en qualité par rapport à une obligation de convergence donnée à un comité d'experts. Il faut ensuite voir où on met le curseur. Mais en tout cas, pragmatiquement, je ne ressens pas cette possibilité de formulation d'avis contradictoires comme un gain si évident.

Question *– Il existe une circulation très forte et de plus en plus rapide entre la production de connaissances, la science en train de se faire et, sans même parler d'expertise, la production de normes. Comment rendez-vous compte de cette spirale qui s'accélère dans le passage de la connaissance à la norme ?*

B. Chevassus – En ce qui concerne la question du passage de la connaissance à la norme, j'ai un peu de mal à fixer précisément la limite où commence l'expertise et où s'arrête la science. Comme l'écrit Philippe Roqueplo, l'expert est quelqu'un à qui l'on demande, et qui l'accepte, d'aller au-delà des strictes connaissances établies. On lui demande d'être transgressif par rapport à la connaissance, d'explorer une zone hybride entre la connaissance et l'intime conviction. Dès lors qu'il exprime une intime conviction, l'expert entre dans le normatif. Prenons le cas de l'incertitude. Les avis de scientifiques se terminent souvent par des expressions telles que le « risque est purement théorique », « peut être considéré comme négligeable », « est infinitésimal ». Le passage du chiffre (une probabilité de 10^{-5}) aux mots (« c'est infinitésimal ») peut déjà être considéré comme une attitude normative. Savoir à partir de quel moment on va trop loin, où l'on s'engage dans ce qui devrait relever de la délibération, est quelque chose qui, d'un point de vue pragmatique et dans le quotidien des experts, ne me semble pas évident à baliser.

Quant à l'accélération de ce passage de la connaissance à la norme, elle conduit à mon avis à s'éloigner de plus en plus de la notion d'expert à temps plein, qui n'aurait plus d'activités de recherche. Être, d'une part, un acteur de la connaissance « en train de se faire », en percevoir la validité et les incertitudes et, d'autre part, contribuer à transformer cette connaissance en norme est sans doute le meilleur moyen d'assurer une bonne évaluation des risques. En revanche, les scientifiques ne doivent pas être les seuls responsables de ce processus normatif : j'ai cité l'analyse d'Olivier Godard, qui me semble très pertinente sur cette question.

Question – *J'ai travaillé avec des experts scientifiques français sur le* Technical Guide Document *pour les écosystèmes marins, document demandé par l'Union européenne, qui définit le mode opératoire de calcul du risque d'origine chimique pour ces écosystèmes. Après avoir lu le pré-projet, j'ai demandé à ces experts si ce document était, de leur point de vue, définitif ou si, au contraire, il était prévu qu'il soit révisé et, dans ce cas, avec quelle périodicité. Les deux experts ont donné des réponses opposées. J'ignore si les documents de ce type comportent généralement une limite de validité, une durée d'application des re-*

commandations formulées par les experts, mais je me demande si, dans le cas de l'évaluation des risques, il ne serait pas possible et judicieux de prendre la précaution de prévoir des délais de révision par des experts.

B. Chevassus – Que des experts puissent considérer que leurs écrits sont gravés pour l'éternité laisse perplexe... Accompagner toute décision d'une clause de réévaluation à deux, trois ou cinq ans serait toutefois à mon avis un peu formel. L'approche qui se pratique à l'Afssa est la suivante : quand nous avons un peu de temps, nous demandons à notre conseil scientifique – dont Gérard Pascal assure la présidence[44] –, de nous signaler les dossiers qui semblent nécessiter, compte tenu de l'avancée des connaissances, un travail de fond de réévaluation. Cette façon de procéder me semble préférable à une clause formelle.

Cette question rejoint un peu celle des donneurs d'alerte, qui me fait pour le moment pencher plutôt vers les systèmes « intégrés ». On a trop tendance à considérer que la participation de représentants de la société civile à des systèmes d'expertise a pour but de répondre à la question de la communication (faire comprendre les problèmes à la société). Je crois au contraire que cette participation doit intervenir beaucoup plus tôt, que la société civile peut jouer un rôle très important dans le lancement d'alerte et l'identification des problèmes, et qu'il faudrait regarder de plus près. C'est l'histoire du petit trou noir. La participation de représentants de la société civile doit donc peut-être être intégrée, y compris même pour susciter la mise sur agenda de telle ou telle question. Les experts eux-mêmes pouvant très bien ne pas identifier un risque à évaluer, il faut peut-être disposer d'autres signaux.

Gérard Pascal – Dans le domaine alimentaire du moins, le principe d'une réévaluation possible en permanence est presque

---

[44] Gérard Pascal est président du Conseil scientifique de l'Afssa et du Comité scientifique directeur de la DG XXIV de l'Union européenne (protection de la santé publique et des consommateurs).

systématiquement appliqué depuis que l'on a réfléchi à la méthodologie d'évaluation de risque. Sur chaque avis concernant par exemple les additifs, il est inscrit que l'avis sera réévalué dès que l'on disposera d'éléments nouveaux sur le plan scientifique, ce qui se produit tous les jours. Un exemple : le 12 janvier 2001, le Comité directeur à Bruxelles a donné un avis sur les graisses d'origine bovine, leur utilisation en alimentation animale ou humaine et les traitements auxquels elles doivent être soumises. Trois jours après, nous avons appris que deux articles acceptés dans des revues scientifiques de haut niveau apportaient des éléments à l'évidence nouveaux concernant la résistance du prion à la température, selon qu'on le traite en milieu aqueux ou lipidique. Nous nous sommes procuré les épreuves de ces articles et je pense que nous allons retravailler sur l'avis. C'est vraiment, dans le domaine alimentaire, un principe. Si un expert répond que quelque chose est gravé dans le marbre, on peut tout de suite dire qu'il s'est un peu trompé d'activité.

Je voulais revenir sur la question de la dérive normative des avis, qu'ils soient rendus par l'Afssa ou par les comités bruxellois. J'ai moi aussi beaucoup apprécié l'article d'Olivier Godard. Comment peut-on faire ? Il me semble que le vocabulaire qui reflète l'inscription des niveaux de risque sur une échelle ne doit pas être pris comme normatif. C'est tout au moins l'appréhension que j'en ai. Quand tu dis qu'il est un peu normatif de conclure : « 10^{-5}, c'est inacceptable », ou « 10^{-6}, c'est acceptable », c'est pourtant admis dans certains pays. Les États-Unis, en matière de risque de cancérogenèse, considèrent – on peut imaginer qu'il y a eu un débat de société pour arriver à cette conclusion, ce que j'ignore –, comme risque socialement acceptable un cas de cancer supplémentaire par million d'habitants. Cette approche semble en revanche totalement réfutée ailleurs, en France en particulier. Les experts essaient de situer les risques sur une échelle pour que le décideur puisse faire jouer sa capacité de décision, ou puisse mettre la question en débat dans la société en apportant tout de même quelques éléments sur l'importance du risque. C'est un peu pour cela que nous utilisons un vocabulaire qui peut paraître normatif. Quand nous disons qu'un risque est infime, le lecteur peut penser que nous le considérons alors comme acceptable. On aimerait bien ne pas aller jusque-là ; il existe donc là aussi un problème de présentation.

Toutes les discussions actuelles et tout ce que tu nous apportes au plan de la réflexion théorique ne peuvent que nous aider à être plus clairs dans ce que nous voulons dire, et à éviter de nous laisser entraîner sur le terrain normatif, ce que le prince tente de faire tous les jours. Merci en tout cas pour cette réflexion que tu provoques à l'évidence dans tous les comités d'experts.

B. Chevassus – Lorsque l'on dit qu'un risque est « acceptable », on a au moins la franchise de reconnaître qu'on est normatif ; c'est plus ambigu quand on dit qu'il est « infime ». J'ai été très intéressé par des travaux anglais qui ont été exposés au Conseil national de l'alimentation. On présente à des individus une série de risques que l'on se propose de diminuer de dix morts, en indiquant que cette réduction coûtera le même prix quel que soit le risque considéré ; puis on leur demande s'ils préfèrent enlever dix morts sur les accidents de la route, les accidents ferroviaires, les incendies dans les immeubles collectifs... Première constatation : les gens ont rapidement une opinion. Ils ne considèrent pas que tout est équivalent et ils choisissent un risque à réduire. Quand on essaie de décortiquer cette opinion, on met en évidence l'existence d'un certain nombre de modulateurs. L'un d'eux est le degré de responsabilité individuelle dans ce risque : les incendies privés, dus à une mauvaise gestion de ses appareils électroménagers, sont ainsi moins « cotés » que les incendies publics, que l'on a vraiment l'impression de subir. Cela pour dire que le risque doit être accepté comme durablement multidimensionnel, c'est-à-dire positionné dans toute une série de considérants, dans un espace à *n* dimensions. Ce qui pose toute la question de l'échelle, car réduire un objet multidimensionnel à une échelle signifie faire une projection (en termes mathématiques). On peut effectuer cette projection, mais il faut alors dire comment les *n* dimensions ont été pondérées pour être réduites à un vecteur. J'ai eu à déposer devant le CNA contre l'idée de création d'une échelle : ce serait vraiment l'apogée de la technocratie que de créer une échelle de risques considérée comme représentative de la complexité du débat social.

Olivier Godard[45] – La question a été posée de savoir comment le normatif pouvait être agencé avec le rôle de l'expert sachant que, comme tu l'as rappelé, l'expert peut transgresser les savoirs établis pour répondre en temps utile aux questions qui lui sont posées. Je pense qu'il y a plusieurs éléments.

D'abord, prenons la figure du médecin : c'est, je pense, une très mauvaise représentation de ce que devrait être aujourd'hui l'expertise dans les dossiers de risque qui nous occupent. Le médecin, on lui délègue le pouvoir d'apprécier en situation la nature des risques (la maladie) et de les gérer, c'est-à-dire de prescrire un traitement. On suppose que le médecin bénéficie de la confiance du patient ; ce n'est pas toujours le cas, mais si on n'est pas content d'un médecin, on peut en voir un autre. Voilà, en gros, le présupposé. Et les experts tendent à faire comme le médecin, à considérer qu'on leur a confié la charge de tout dire, y compris ce qu'il convient de faire. Mais c'est là-dessus qu'il n'y a plus accord de la société. Ce sont sans doute à des gens qui ne sont pas des experts scientifiques mais des experts de disciplines normatives, de droit, de la réflexion éthique, d'économie, de préparer ce jugement normatif qui ensuite sera soumis aux gestionnaires du risque. J'ai essayé de montrer dans des cas particuliers, celui de la vache folle notamment, les questions auxquelles le groupe des experts essaie de répondre. Les questions précises qui leurs sont posées peuvent faire l'objet d'une négociation entre les demandeurs d'expertise et les experts, et il est juste qu'il y ait une interaction. Quand les questions ne sont pas bien formulées, les experts décident de répondre à certaines et pas à d'autres, ce qui induit une bifurcation initiale importante. Là-dessus peut aussi se

[45] Olivier Godard est directeur de recherche au CNRS et professeur à l'École polytechnique.

greffer un jeu plus souterrain du type « comment faire en sorte que les experts ne répondent pas aux bonnes questions pour préserver la capacité du décideur à faire ce qu'il veut ? »
Autre point : la question des catégories utilisées. On a besoin de qualifier l'incertitude, et tu as fourni des repères, des catégories pour le faire. Je ne crois pas qu'il revienne à chaque comité d'experts de choisir les catégories qu'il utilise, de considérer ou non les caractères « observable », « réductible » et « plausible », ou bien d'en retenir d'autres. Ces catégories doivent être partagées de manière beaucoup plus large, être débattues pour organiser le travail d'expertise. Ensuite, il y a les modes de raisonnement. Un point m'avait frappé dans un avis de l'Afssa et du comité Dormont concernant l'ESB et la dangerosité des intestins. L'iléon avait été testé de manière empirique sur des modèles de souris ; on avait observé le déclenchement de l'ESB et donc recommandé l'élimination de l'iléon. Pour le reste de l'intestin, on fait la même expérience. Le résultat est nul sur les souris, mais on objecte là que la souris est un mauvais modèle. Le résultat négatif ne signifie donc pas que le risque n'existe pas ; on doit donc considérer qu'il existe et, par conséquent, interdire la totalité de l'intestin. Ce mode d'argumentation a été adopté à l'initiative d'un comité d'experts, mais je ne suis pas certain qu'il appartienne uniquement aux experts de le choisir. On voit qu'on a besoin d'un travail beaucoup plus subtil. Et à mon avis, la charge normative ne doit pas être refusée par les experts, mais ce ne sont pas les mêmes experts qui doivent l'assumer. C'est pourquoi je considère, dans les propositions que je peux faire, qu'on a besoin de comités d'experts en charge de la dimension normative, en fonction de leurs compétences disciplinaires. Et certaines disciplines sont plus à même, de par leur nature, d'examiner les questions normatives.

Qu'en est-il de la proposition du rapport Kourilsky-Viney de création d'une agence d'expertise ? Actuellement, on a d'une part des grands établissements qui fournissent les experts et, d'autre part, des agences qui ont recruté un certain nombre de chercheurs qui exercent le rôle d'experts. Mais on voit qu'il y a encore une organisation qui se cherche sur les différences entre le métier d'expert et le métier de chercheur. Et en même temps, on a besoin d'utiliser les produits chauds de la recherche. Faut-il une nouvelle agence ? Ou bien faut-il que les établissements s'organisent pour assumer mieux qu'ils ne le font aujourd'hui la préparation au métier d'expert et l'organisation des expertises collectives, pour ne pas simplement laisser cela à l'initiative individuelle de tel ou tel chercheur, qui accepte ou non de jouer un rôle d'expert ?

Tu as plaidé pour la préservation d'un espace d'autonomie de l'activité de recherche, compte tenu de ce que tu as dit concernant le caractère jubilatoire mais aussi les équilibres subtils qui rendent une recherche intéressante. Oui, mais en même temps on voit de plus en plus les chercheurs amenés, à titre individuel, en tant qu'équipe et à l'échelle des institutions, à s'impliquer dans des aspects proprement technologiques, c'est-à-dire dans les usages des connaissances fondamentales, les partenariats divers, etc. Or, la préservation de cet espace d'autonomie de la recherche me paraît aller de pair avec une certaine réserve par rapport à l'engagement dans les usages sociaux de la recherche. Si les chercheurs eux-mêmes ne font plus les distinctions, comment demander au public de les établir, et de les respecter ?

Une remarque, enfin, sur les conditions concrètes de l'activité des experts. Ont-ils toujours les moyens de faire ce qu'on leur demande ? Ils doivent lire en trois jours d'énormes dossiers, parfois en langue étrangère. Comme le souligne Marie-Angèle Hermitte, ils n'ont pas le pouvoir de déclencher des enquêtes pour collecter des informations complémentaires. Et souvent, ils font ce qu'ils peuvent avec ce qu'ils ont. N'y aurait-il pas à réfléchir aux conditions juridiques et financières qui permettraient aux experts de mieux jouer leur rôle en déclenchant des enquêtes ou des miniprogrammes de recherche ?

B. Chevassus – Premier point : j'avoue ne pas voir en quoi l'économie peut prétendre à être plus légitimement normative que la biologie ou l'écologie. Cette distinction entre les disciplines à vocation normative et les autres mériterait un débat.

Faut-il une agence d'expertise commune ? La situation actuelle montre bien la nécessité d'une plaque tournante ou d'une agora, où l'ensemble de ceux qui travaillent concrètement dans l'expertise puissent réfléchir à toutes ces questions communes du métier, des procédures, etc. Il faudrait au minimum un lieu où pourrait s'instaurer cette réflexion, avec l'ambition d'en déduire un contenu pédagogique pour la formation des experts, tant initiale que permanente. Actuellement, l'expertise se décline dans des champs spécifiques, différemment suivant qu'on parle du médicament, de l'aliment ou d'autres aspects. Il existe à l'évidence un très grand cloisonnement, chaque domaine d'innovation (les transports, le nucléaire, l'agriculture...) ayant développé son propre système d'expertise dès lors qu'il manipulait du risque. Il y aurait certainement une valeur ajoutée, et cela ne coûterait pas très cher, à créer une agora délibérative sur l'expertise et les questions de formation qu'elle pose.

Le jubilatoire et le contrôle des applications : c'est parce que je crois beaucoup à cette jubilation du centre que je juge important de développer des procédures à appliquer lorsqu'on entreprend de traduire cette science en un certain nombre d'objets. Il faut instaurer là un contrôle à différents niveaux, à la fois internes et externes, et bien se rendre compte à quel moment on entre dans un processus qui a des implications sociales. Autrement dit, ne pas considérer que si la science est légitime, ses applications le seront forcément. C'est là qu'une articulation s'avère essentielle.

La question des moyens dont disposent les experts comporte à mon avis deux points. Le premier concerne tout ce qui peut être fait pour économiser le travail des experts, c'est-à-dire ce que l'on peut faire, en termes de recherches bibliographiques, etc., à leur place ; c'est un peu notre souci à l'Afssa. Le second, plus difficile, concerne le pouvoir d'instruction.

Quelle est la situation aujourd'hui ? On a considéré qu'il revenait à l'innovateur de collecter l'ensemble des éléments nécessaires pour instruire son dossier, à charge ou à décharge ; c'est donc l'industriel qui va documenter, et payer de ses deniers, l'ensemble des informations demandées pour déposer un médicament, un produit phytosanitaire ou un OGM. Cette situation a deux conséquences : ces données sont la propriété de l'industriel ; c'est sur ces dossiers déjà constitués que l'on fait travailler les experts. La difficulté est que, dans un certain nombre de cas, nous rendons des avis publics sur des documents privés, des données couvertes par la confidentialité. Et le citoyen nous dit : « Votre avis nous intéresse, mais comme vous le rendez à partir d'une base d'information qui n'est pas publique, il nous est impossible de faire un tant soit peu de contre-expertise ou de regarder comment vous avez analysé tel ou tel point. » La situation est parfois tendue parce que l'opérateur privé considère que ce dossier, qu'il a payé, contient des éléments de stratégie qu'il veut garder confidentiels, et c'est son droit. Cela pose un vrai problème, par rapport à la perception. La situation serait très différente si l'on rentrait dans une logique du type : « Vous déposez votre produit brut, et c'est au système d'expertise de collecter l'ensemble des éléments de toxicologie, d'allergologie, quitte à vous le facturer *a posteriori*. » D'un autre côté, décider que les experts qui doutent un peu d'un test toxicologique doivent avoir les moyens financiers de le faire refaire par un laboratoire agréé de leur choix peut entraîner très loin. Il existe bien une difficulté : on ne juge que par rapport à un dossier déjà constitué et on n'a pas de pouvoir d'instruction.

Question – *Pourquoi la population est-elle devenue, dans nos pays européens du moins, beaucoup plus frileuse en matière d'innovation et de risque ? Il serait faux de dire que les innovations plus anciennes, le chemin de fer par exemple, n'ont pas posé de problème. Mais nous étions tout de même des sociétés très confiantes dans le progrès, et cela a changé. Première hypothèse : l'accélération de la dynamique, l'avalanche actuelle d'innovations ne permettent plus ce contrôle* a posteriori *tranquille. Deuxième hypothèse, peut-être plus importante : derrière cette critique du risque croissant des nouvelles technologies, il y aurait surtout un manque de confiance dans la sagesse des forces économiques, qui sont devenues immenses, et un manque de* *confiance encore plus fort dans la capacité du pouvoir politique, qui, lui, est resté souvent à l'échelon national, à maîtriser le développement de ces forces économiques. On peut se demander si une partie de cette position un peu frileuse vis-à-vis du risque ne provient pas de là profondément, au-delà des critiques légitimes de l'expertise que vous avez citées.*

Ajoutons au tableau que la science est maintenant largement du domaine de l'industrie privée, et n'est plus, comme il y a quelques décennies, l'apanage presque exclusif du secteur public. Cette science fabrique des objets que l'industrie arrivera de toute façon, par incapacité de facto *du politique à réguler vraiment la vitesse et la nature du progrès, à diffuser – sous réserve que le marché l'accepte. Et la science est de plus en plus juge et partie : elle fabrique les projets pour l'industrie privée et en même temps elle est censée en évaluer les risques. Dans ces conditions, je m'interroge sur la participation croissante de la science à des comités mixtes où l'on trouve des citoyens, des pouvoirs politiques, des pouvoirs économiques. Ne faut-il pas rester un peu en retrait de ce processus, maintenir une certaine distance entre le politique et le scientifique ? Ne sortons-nous pas de notre rôle ? Ne prenons-nous pas des risques en allant trop loin dans ce sens ?*

B. Chevassus – Concernant l'attitude plus distante de nos sociétés à l'égard du progrès, je suis d'accord avec votre première hypothèse : il existe un problème de « métabolisme social ». Toute innovation demande un certain temps pour être appréhendée, digérée, et l'accélération du rythme des innovations induit une difficulté à métaboliser tout ce changement. La société a un certain rythme d'appropriation des innovations, qui n'est sans doute pas plus lent aujourd'hui qu'hier, il est même peut-être plus rapide ; c'est l'accroissement du flux de ce qui lui est proposé qui crée un peu un effet d'embouteillage.

En fait, il y a des risques qui ne sont pas acceptés, même si leur probabilité est relativement faible. Les gens font des analyses risque par risque. C'est ce que montrent les études britanniques que j'ai citées : ils veulent réduire certains risques, et considèrent pour d'autres qu'on est arrivé à un bon niveau.

Autre élément d'explication, donné par Franck Cochoy[46] : ce que l'on pourrait appeler le syndrome du « presque arrivé », qui rejoint ce que j'ai évoqué à propos de la maîtrise du risque et du paradoxe de l'ultrasécurité. On s'étonne, alors que les experts affirment que les risques ont été beaucoup réduits dans de nombreux domaines, que les gens en parlent de plus en plus. Mais savoir ce que vous aurez comme cadeaux à Noël vous indiffère six mois avant, alors que la veille vous êtes impatients. Cochoy rappelle, en se référant à un principe déjà énoncé par Tocqueville, que plus la société a l'impression d'être près d'un objectif qu'elle s'est fixée, plus elle va le revendiquer avec force. Dans une société absolument non-démocratique, le système est tellement verrouillé qu'à la limite, on ne demande pas la démocratie. En revanche, dans une société déjà assez démocratique, on réclame de la transparence, plus de démocratie, etc. Contrairement à ce qu'on pourrait penser, plus on est près du but, plus on veut l'atteindre.

Je crois que la science en elle-même n'a jamais véhiculé de valeurs intrinsèques – on peut en discuter – qui seraient largement reconnues par la société, et que l'affirmation « la connaissance est un bien en soi » ne serait pas forcément approuvée par une majorité de la population. Il s'agit d'une vision interne à la communauté scientifique. Lorsque la science a véhiculé des valeurs, c'est parce qu'elles étaient reprises par de grandes idéologies de progrès qui ont fleuri au XIXe et un peu au XXe siècle. Lorsque la science se retrouve seule et n'est plus portée par une idéologie plus globalisante, les scientifiques ont l'impression de se retrouver tout nus au milieu de la steppe. Mais le statut du scientifique « incorporé » dans ces idéologies n'était pas plus glorieux. Même si cela nous déplaît, la justification sociale de la science me semble donc difficilement pouvoir se faire sans une implication reconnue dans ses différentes finalités.

---

[46] Cochoy F., 2001. Les effets d'un trop-plein de traçabilité. *La Recherche*, 339, 66-68.

Cela dit, ne risquons-nous pas d'aller trop loin, de sortir de notre rôle ? Je crois qu'à chaque fois que l'on contribue à quelque chose, il y a un risque d'empathie pour ses causes finales. Un scientifique qui s'implique dans l'innovation va forcément reprendre à son compte une partie des objectifs de l'innovateur ; celui qui s'implique dans l'expertise va reprendre à son compte les objectifs du décideur. Cette tendance à s'impliquer plus loin dans les objectifs finaux est assez légitime. C'est donc cela qu'il faut bien gérer, et notamment le moment où l'on dit : « Là, c'est votre problème et pas le mien. » Mais ce n'est pas facile parce que justement il y a un processus d'interaction, et qu'il faut donc gérer l'interaction tout en séparant bien les métiers. Quand je revendique l'indépendance du moteur central, ce n'est pas une indépendance du type tour d'ivoire ou Vatican, mais une espèce d'indépendance impliquée, avec tous les problèmes qu'elle peut poser. Comment, dans le cas de la sécurité alimentaire par exemple, choisir les experts, sachant que si un expert n'a pas eu un jour un contrat industriel avec un grand opérateur de l'agro-alimentaire, c'est tout de même qu'*a priori* il n'était peut-être pas très bon ? Il faut donc gérer de « l'indépendance impliquée ».

Question – *Ce passage du modèle moderne positiviste au modèle constructiviste n'a-t-il pas des implications sur la production de connaissances elle-même ? Pourquoi ne pas considérer que la production des connaissances supplémentaires, sur les aspects systémiques, le fonctionnement des dispositifs socio-techniques est une extension, hors du laboratoire, de la recherche ? J'ai également la conviction que ce changement de paradigme porte des éléments assez nouveaux sur ce qu'est la recherche publique : son rôle, sa fonction, la recherche de repères un peu différents de ceux de la recherche industrielle, en termes de propriété intellectuelle, de production de connaissances et d'expertise. Réinscrits dans le modèle constructiviste, l'organisme public de recherche à la française et ses chercheurs pourraient retrouver de la légitimité, et non en perdre. Mais ce passage d'un modèle à l'autre appellerait des réflexions prospectives, sur les modèles* *de recherche, le rapport au politique, sur de nouveaux modes de production des connaissances...*

B. Chevassus – Je répondrai en reprenant l'image de l'échiquier, que vous pouvez dessiner en disposant autrement les différents acteurs. En plaçant la recherche au centre, on visualise le fait qu'être un moteur central ne veut pas dire qu'on n'est pas déterminé par un puissant champ de force. La réalité est que les chercheurs vont sur le long terme vers les champs de force qui expriment des attentes ou des systèmes de valeurs, ou des systèmes de reconnaissance ou de récompense, on peut le dire comme on veut. Si je revendique une autonomie centrale, c'est que je suis intimement persuadé que si l'on crée les champs de force et si l'on exprime fortement les attentes et les défis, le système ira dans cette direction. Et il ira avec la créativité de quelqu'un qui y va parce que cela l'intéresse, et non en traînant les pieds comme celui à qui l'on commande d'y aller.

Pour en savoir plus

Chevassus B., 1999. L'Agence française de sécurité sanitaire des aliments (AFSSA) : création, missions, organisation. *C.R. Acad. Agric. Fr.*, 85, 133-144.

Chevassus B., 2000. Retour de l'irrationnel ou conflit de rationalités. Que mangeons-nous? *Projet*, 261, 63-72.

Chevassus B., 2000. L'appropriation du vivant : de la biologie au débat social. *Courrier de l'Environnement de l'INRA*, 40, 5-21 (texte de la conférence du 22 janvier 2000 à L'Université de Tous Les Savoirs, Paris).

Chevassus B., 2001. L'analyse du risque alimentaire : quels principes, quels modèles, quelles organisations pour demain ? *OCL*, 8, 287-294 (texte de la Conférence de l'OCDE sur la sécurité sanitaire des aliments issus d'OGM, Edimbourg, 28 février 2000).

Chevassus B., 2001. Comment organiser la participation des citoyens à l'évaluation des risques? *Demeter 2001*, 64-67.

Chevassus B., 2001. Quatre attitudes face aux controverses. *La Recherche*, 339, 82-85.

Chevassus B., 2002. *Les crises alimentaires sont-elles durables ?* Actes des 14e rencontres Agoral « Prévision, analyse et gestion du risque alimentaire », 26-27 mars 2002, Nancy, Lavoisier, Tec & Doc, Paris, 21-38.

Chevassus B., 2002. *L'évolution des sciences de l'alimentation*. Actes des séminaires « Loi d'orientation agricole, savoirs et qualifications professionnelles », 29-30 janvier 2002, Paris, Éducagri, Dijon, 297-299.

Chevassus B., 2002. *Principe de précaution et preuves scientifiques : le difficile équilibre*. Actes du colloque de la Sfer (Société française d'économie rurale) « Europe/Etats-Unis : regards croisés sur les politiques agricoles », 9-10 octobre 2002, Paris, 56-58.

Chevassus B., 2003. Causalité, finalité, responsabilité : quelles interactions dans le monde de la précaution ? *In* G. Cohen-Tannoudji et É. Noël (éd.), *Causalité et finalité*, actes des 7e rencontres « Physique et interrogations fondamentales » de la Société française de physique, EDP Sciences, 75-82.

Chevassus B., 2004. La question du risque. *Nouveaux regards*, 25, 51-55.

Chevassus B., Lamblin V., Schmidt P., 2004. Socialiser l'innovation : un pari pour demain. *In* J. Lesourne, A. Bravo, D. Randet (dir.), *Avenirs de la recherche et de l'innovation en France*, La Documentation Française, collection « Études », 175-228.

Commissariat général au plan, 2001. *OGM et Agriculture : options pour l'action publique*. Rapport du groupe présidé par Bernard Chevassus-au-Louis, La Documentation française, 393 p.

Table des matières

Ouvrages parus dans la même collection

Les mondes de l'agriculture
Une recherche pour demain
M. Sebillotte, 1996, 260 p.

Société et révolution biologique
Pour une éthique de la responsabilité
A. Kahn, 1996, 96 p.

Entre savoir et décision, l'expertise scientifique
R. Roqueplo, 1997, 112 p.

L'expérience et le modèle
Un discours sur la méthode
J.-M. Legay, 1997, 112 p.

Les usages sociaux de la science
Pour une sociologie clinique
du champ scientifique
P. Bourdieu, 1997, 80 p.

Les chercheurs et l'innovation
Regards sur les pratiques de l'INRA
1998, 432 p.

La fin du « tout génétique »
Vers de nouveaux paradigmes en biologie
H. Atlan, 1999, 96 p.

Les savants croient-ils en leurs théories ?
Une lecture philosophique de l'histoire
des sciences cognitives
J.-P. Dupuy, 2000, 136 p.

La loi sur la recherche de 1982
Origines, bilan et perspectives
du « modèle français »
J.-F. Théry, R. Barré, 2001, 136 p.

Le métier de chercheur
Regard d'un anthropologue
2e édition revue et corrigée
B. Latour, 2001, 108 p.

Les harmonies de la nature à l'épreuve de la biologie
Évolution et biodiversité
P.-H. Gouyon, 2001, 96 p.

Politiques d'aide et recherche agricole
Bilan et perspectives
M. Dron, M. de Lattre-Gasquet, 2001, 270 p.
Coéd. Inra-Cirad.

Trois essais sur l'éthique économique et sociale
C. Arnsperger, C. Larrère, J. Ladrière, 2001, 216 p.

L'évaluation du travail à l'épreuve du réel
Critique des fondements de l'évaluation
C. Dejours, 2003, 84 p.

Science, argent et politique
Un essai d'interprétation
D. Pestre, 2003, 204 p.

Se libérer de la matière ?
Fantasmes autour des nouvelles technologies
B. Bensaude-Vincent, 2004, 94 p.

Imprimé en France. - JOUVE, 11, bd de Sébastopol, 75001 PARIS
N° 428963Z - Dépôt légal : Avril 2007